はじめに

近年、企業や自治体などの組織における情報資産の量が急増しています。しかし、情報資産の量が増えるにしたがって、「情報の漏洩」「情報の改ざん」「情報の破壊」などのセキュリティ事故が増えてきました。
このような事故から情報資産を守るためには、しっかりとした「情報セキュリティ」対策を講じる必要があります。
本書では、情報セキュリティ対策の必要性を、利用者や管理者の身近で起こる事例を交えながら、わかりやすく解説しています。
本書が情報資産を取扱う皆様のお役に立てれば幸いです。

2018年7月23日
FOM出版

◆Microsoft Corporationのガイドラインに従って画面写真を使用しています。
◆Microsoft、Excel、Windowsは、米国Microsoft Corporationの米国およびその他の国における登録商標または商標です。
◆その他、記載されている会社および製品などの名称は、各社の登録商標または商標です。
◆本文中では、TMや®は省略しています。
◆本書に掲載されているホームページは、2018年6月現在のもので、予告なく変更される可能性があります。

Contents

第1章 情報化社会の現状 ……………………………………… 2

1-1 情報資産とは? …………………………………………… 3
- 1 情報資産 …………………………………………………… 3
- 2 情報の分類 ………………………………………………… 4

1-2 情報セキュリティ対策が必要な理由 ……………………… 5
- 1 情報セキュリティ対策 ……………………………………… 5

1-3 忍び寄る脅威 ……………………………………………… 7
- 1 情報漏洩 …………………………………………………… 7
- 2 不正アクセス ……………………………………………… 7
- 3 ハッカー …………………………………………………… 8

確認問題 ………………………………………………………… 9

第2章 利用者の情報セキュリティ対策 ……………………… 10

2-1 ウイルス対策ができていないときのトラブル …………… 11
- ◆事例1 ウイルス対策ソフトの未導入による被害 ………… 11
- ◆事例2 ウイルス定義ファイルの未更新による被害 ……… 13
- ◆事例3 セキュリティホールからのウイルス感染 ………… 15

2-2 Webページを閲覧しているときのトラブル …………… 17
- ◆事例4 不審なWebページへのアクセスによる被害 …… 17
- ◆事例5 Webページへの不用意な個人情報の登録による被害 ……… 19
- ◆事例6 掲示板への不用意な書き込みによる被害 ………… 21

2-3 メールを送受信しているときのトラブル ……………… 23
- ◆事例7 ウイルスメールによる被害 ………………………… 23
- ◆事例8 ウイルスに関するデマメールによる被害 ………… 25
- ◆事例9 誤送信による情報漏洩(うっかり送信) ………… 27

2-4 ユーザーIDやパスワードの管理ができていないときのトラブル … 29
- ◆事例10 簡単なパスワード設定による情報漏洩 ………… 29
- ◆事例11 ユーザーIDとパスワードの漏洩 ………………… 31
- ◆事例12 IDカードの使い回しによる被害 ………………… 33

2-5 情報資産の持ち出し/持ち込み時のトラブル …………… 35
- ◆事例13 情報資産の置き忘れによる被害 ………………… 35
- ◆事例14 ウイルス感染データの持ち込みによる被害 …… 37
- ◆事例15 許可されていないアプリケーションのインストールによるトラブル… 39
- ◆事例16 外部機器の取り付けによるパソコンのトラブル … 41

- 2-6 情報を処分するときのトラブル …………………………………… 43
  - ◆事例17　パソコンの処分による情報漏洩 ………………………… 43
  - ◆事例18　データ破棄による情報漏洩 ……………………………… 45
- 2-7 著作権の侵害に関するトラブル …………………………………… 47
  - ◆事例19　画像の無断利用による著作権侵害 ……………………… 47
  - ◆事例20　ソフトウェアの不正コピーによる著作権侵害 ………… 49
- 2-8 その他の脅威 ………………………………………………………… 51
  - ◆事例21　なりすましによる情報漏洩 ……………………………… 51
  - ◆事例22　トラッシングによる情報漏洩 …………………………… 53
  - ◆事例23　日常会話における情報漏洩 ……………………………… 55
- 確認問題 ………………………………………………………………… 57

第3章 よくあるセキュリティトラブル ……………………58

- 3-1 特定の組織や個人を狙う標的型攻撃メール ……………………… 59
  - ◆事例1　標的型攻撃メールによる情報漏洩 ……………………… 59
- 3-2 巧妙化するフィッシングメール …………………………………… 62
  - ◆事例2　フィッシングメールによる情報漏洩 …………………… 62
- 3-3 偽口座へ送金させるビジネスメール詐欺 ………………………… 65
  - ◆事例3　ビジネスメール詐欺による被害 ………………………… 65
- 3-4 SNSや投稿サイトをめぐるトラブル ……………………………… 67
  - ◆事例4　SNSをめぐるトラブル …………………………………… 67
- 3-5 偽警告によるトラブル ……………………………………………… 69
  - ◆事例5　偽警告による被害 ………………………………………… 69
- 3-6 ファイルを人質にとるランサムウェア …………………………… 71
  - ◆事例6　ランサムウェアによる被害 ……………………………… 71
- 3-7 スマートデバイスに広がる脅威 …………………………………… 73
  - ◆事例7　不正なアプリによるトラブル …………………………… 73
- 3-8 IoT機器の脆弱性による脅威 ……………………………………… 75
  - ◆事例8　IoT機器の脆弱性 ………………………………………… 75
- 3-9 個人のパソコンの業務利用による情報漏洩 ……………………… 77
  - ◆事例9　個人のパソコンの業務利用 ……………………………… 77
- 3-10 内部者による情報漏洩 ……………………………………………… 79
  - ◆事例10　内部者の操作によるトラブル …………………………… 79
- 確認問題 ………………………………………………………………… 81

第4章　セキュリティ管理者の情報セキュリティ対策　………82

4-1　管理体制の不備による情報漏洩　………………………83
- ◆事例1　部外者の侵入による被害　………………83
- ◆事例2　セキュリティ管理体制の不備による被害　………85

4-2　外部委託契約の不備による情報漏洩　…………………87
- ◆事例3　外部委託契約による情報漏洩　………………87

4-3　運用規程の不徹底によるトラブル　……………………89
- ◆事例4　セキュリティ意識の浸透不足による被害　………89
- ◆事例5　実情に合わない運用規程による被害　………91

4-4　サーバー管理の不備によるトラブル　……………………93
- ◆事例6　サーバーのデータの被害　………………93
- ◆事例7　自然災害による被害　………………95
- ◆事例8　サーバー室のずさんな管理による被害　………97

4-5　不正アクセスによるトラブル　……………………99
- ◆事例9　不正アクセスによる被害　………………99
- ◆事例10　サービス妨害攻撃によるサービスの停止　………101

確認問題　………………………………………………103

第5章　セキュリティポリシー　……………………………104

5-1　セキュリティポリシーとは　……………………………105
- ●1　セキュリティポリシーの概要　………………105
- ●2　セキュリティポリシーの目的　………………107
- ●3　セキュリティポリシーの役割　………………110

5-2　セキュリティポリシーの構成　……………………………111
- ●1　構成要素　………………111
- ●2　セキュリティポリシー策定の順番　………………112
- ●3　基本方針　………………113
- ●4　対策基準　………………115
- ●5　実施手順　………………116

5-3　セキュリティポリシーの維持　……………………………117
- ●1　セキュリティ維持の管理プロセス　………………117
- ●2　計画プロセス　………………118
- ●3　構築プロセス　………………118
- ●4　運用プロセス　………………119
- ●5　監査プロセス　………………119
- ●6　リスクアセスメント　………………120

確認問題　………………………………………………121

第6章 知っておきたい知識 …………………………………………… 122

6-1 著作権法とは ………………………………………………… 123
- 1 著作権 …………………………………………………… 123
- 2 著作権法 ………………………………………………… 123
- 3 著作権の分類 …………………………………………… 124
- 4 ソフトウェアの取扱い ………………………………… 124
- 5 著作物を利用するときの注意点 ……………………… 125
- 6 著作権侵害の事件 ……………………………………… 127

6-2 個人情報保護法とは …………………………………………… 128
- 1 個人情報保護法 ………………………………………… 128
- 2 個人情報とは …………………………………………… 128
- 3 要配慮個人情報 ………………………………………… 129
- 4 個人情報の利用 ………………………………………… 129
- 5 個人情報が漏洩した事件 ……………………………… 130

6-3 不正アクセス禁止法とは ……………………………………… 131
- 1 不正アクセス禁止法 …………………………………… 131
- 2 不正アクセス禁止法違反の事件 ……………………… 132

確認問題 ………………………………………………………… 133

付録1 利用者規約とセキュリティチェック表 ………………… 134
- 1 利用者規約（例） ……………………………………… 135
- 2 セキュリティチェック表 ……………………………… 137

付録2 スマートデバイスのセキュリティ対策 ………………… 140
- 1 スマートデバイスに必要なセキュリティの知識 …… 141
- 2 スマートフォン・タブレット端末 利用者規約（例） … 144

解 答 …………………………………………………………………… 146

索 引 …………………………………………………………………… 148

本書をご利用いただく前に

本書で学習を進める前に、ご一読ください。

1 本書の構成について

本書は、次のような構成になっています。

第1章　情報化社会の現状
情報化社会の現状や情報資産の概要について解説します。

第2章　利用者の情報セキュリティ対策
ウイルスや不正アクセス、情報漏洩などの脅威から、組織の情報資産を守るための利用者の対策を事例を交えて解説します。

第3章　よくあるセキュリティトラブル
よくあるセキュリティトラブルについて事例を交えて解説します。

第4章　セキュリティ管理者の情報セキュリティ対策
サーバー管理やネットワークセキュリティ、施設セキュリティなど、組織の情報資産を守るための管理者の対策を事例を交えて解説します。

第5章　セキュリティポリシー
セキュリティポリシーの概要や目的、構成、運用などを解説します。

第6章　知っておきたい知識
著作権や個人情報保護法、不正アクセス禁止法など、知っておくと便利な知識について解説します。

付録1　利用者規約とセキュリティチェック表
利用者規約の例やセキュリティチェック表を掲載しています。

付録2　スマートデバイスのセキュリティ対策
スマートデバイスのセキュリティ対策に必要な知識や、利用者規約の例を掲載しています。

2 本書の記述について

本書で使用している記号には、次のような意味があります。

事例　セキュリティ事故の例です。

解説　事例に対しての確認事項の説明です。

チェック　事例に対しての対策例の説明です。

　重要な語句の説明です。

第1章 情報化社会の現状

1-1 情報資産とは？ …………………………………………… 3
1-2 情報セキュリティ対策が必要な理由 ………………… 5
1-3 忍び寄る脅威 ……………………………………………… 7
確認問題 ……………………………………………………………… 9

1-1 情報資産とは？

1 情報資産

「情報資産」とは、文書やデータ、ソフトウェア、ハードウェアなど、組織が活動を続ける上で必要な「守るべき価値のある資産」のことです。

例えば、顧客情報や技術情報など、組織内での利用に限定された重要な情報が漏れ、ほかの組織に利用されると、企業の競争力低下を招き、最終的には企業の存続が危ぶまれることになりかねません。

また、顧客情報や住民情報などの個人情報はプライバシーの観点でも保護が必要であり、これらの情報が漏洩してしまうと、組織の信頼を大きく失うことになります。

こうした事態を避けるためにも、組織は"情報"を"資産"として扱われなければなりません。

情報資産は、「有形資産」と「無形資産」に大別できます。

有形資産の例
- テキストや写真などが印刷された文書
- CDやDVDなどのデータが保存された記録媒体
- サーバーやパソコンなどのハードウェア
- ネットワーク機器

無形資産の例
- 顧客情報や人事情報、財務情報、売上情報などのデータ
- OSやアプリケーションなどのソフトウェア
- 人間の知識や経験、ノウハウ

2 情報の分類

組織が日々取扱う情報は、「公開情報」と「非公開情報」に大別できます。

公開情報とは、製品カタログやWebページに掲載される情報のように、閲覧したり利用したりすることを一般に許可している情報や、外部に伝わっても問題のない情報のことです。

非公開情報とは、新製品の開発情報や技術情報、個人情報など、公開することで組織または個人の権利を害したり、不利益が発生したりする情報のことです。

情報を取扱う場合は、その情報にどのような価値があるか、その情報をどの範囲の人が利用するかを考慮して重要度のランク付けをすることが望まれます。その上で、情報が公開情報なのか、非公開情報なのかを認識し、特に非公開情報の取扱いには十分に注意しなければなりません。また、情報の管理者や管理形態を決めておくことも重要です。

重要度のランク付けの例は、次のとおりです。

	重要度ランク	情報の内容
非公開	A[機密情報]	製品原価表、人事情報、顧客情報
	B[社外秘情報]	□△マーケティング情報、○×営業所売上高
公開	C[公開情報]	公開Webページ、△×商品情報

この例では、重要度を3段階に分類していますが、例えば、非公開情報を機密情報、社外秘情報、部外秘情報の3つに分類するなど、組織が取扱う情報の内容に合わせて2～4段階程度に分類することもあります。

1-2 情報セキュリティ対策が必要な理由

1 情報セキュリティ対策

「情報セキュリティ」とは、さまざまな脅威から組織の情報資産を守ることです。パソコンやインターネットの普及にともない、「情報の漏洩」「情報の改ざん」「情報の破壊」などのセキュリティ被害は増え続ける一方です。
大切な情報資産を脅威にさらしてしまう原因には、次のようなものがあります。

> **セキュリティ被害があとを絶たない理由**
> - 情報を守らなければならないという意識が浸透していない。
> - 「自分だけは大丈夫」という意識から適切な対策を行っていない人がいる。
> - 必要な対策が徹底されておらず、個人任せになっている。
> - インターネットは世界中のコンピュータと接続していることから、悪意のある人がほかのコンピュータに対して不正行為を行う可能性がある。
> - インターネットを利用した不正行為に対する法整備が十分に進んでいない。

被害を未然に防ぐためには、日頃から適切な情報セキュリティ対策を行う必要があります。
情報セキュリティ対策は、情報システムやコンピュータに技術的な情報セキュリティ対策を行う「技術的対策」と、利用者のセキュリティ意識の向上や利用者による対策の徹底を図る「非技術的対策」に大別できます。

> **技術的対策の例**
> - ウイルス対策ソフトの導入
> - 修正プログラムの適用
> - ユーザー認証の実施

通常、技術的対策はシステム管理者などが中心となって行われますが、対策を導入するだけでは効果がなく、組織全体で協力し合い、適切に運用することが重要です。そのためにも、非技術的対策が必要になります。

非技術的対策の例
- 利用者に対するセキュリティ教育の実施
- セキュリティポリシーの策定および徹底
- 管理体制の構築

組織においては、たった一人の意識の低さや油断が情報漏洩を引き起こしてしまうことも少なくありません。
利用者ひとりひとりが情報セキュリティに対する高い意識を持つことはもちろんのこと、すべての利用者に対し、必要な情報セキュリティ対策の実施を徹底することが重要となります。
また、情報セキュリティ対策を検討する際には、「どのようにしてセキュリティ事故を防ぐか」ということだけでなく、「セキュリティ事故が起こってしまった場合にどのように対処するか」ということを考えておく必要があります。

※組織全体のセキュリティ対策に関する基本方針や行動指針を文書化したものを「セキュリティポリシー」といいます。「セキュリティポリシー」については、P.104「第5章　セキュリティポリシー」で学習します。

トラブルを防ぐためには情報セキュリティに対する意識を持って、正しい対策を講じることが必要です。
自分には関係ないと思っていると、他人にまで被害が及ぶこともあります。

1-3 忍び寄る脅威

1 情報漏洩

「情報漏洩」とは、本来利用を許可していないはずの人に情報が伝わってしまうことです。

情報漏洩の代表的な例としては、技術情報や顧客情報などの組織の機密情報が外部に流出するケースがあげられます。

その原因はさまざまですが、実際の情報漏洩の事件では、外部からの不正アクセスなどによるものよりも、内部の人間によるメール誤送信や重要な情報を持ち出した際の紛失、置き忘れなどの人為的ミスによるものが大半を占めています。

情報漏洩を回避するためには、外部からの侵入を防ぐとともに、組織内のひとりひとりがセキュリティに対する高い意識を持ち、必要な対策を徹底することが重要です。

2 不正アクセス

「不正アクセス」とは、権限のないユーザーがネットワーク経由で組織や個人のコンピュータに不正に侵入したり、サービスを妨害したりする行為のことです。

例えば、コンピュータやシステムに関する豊富な知識を持つ「ハッカー」と呼ばれる人が、悪意を持って他人のシステムに侵入し、さまざまな不正行為を行います。

不正行為には、次のようなものがあります。

不正行為	説明	例
なりすまし	正規のユーザーのように装い、情報を収集すること。	管理者のIDとパスワードを盗み出し利用する。
盗聴	ネットワーク上のデータや個人のコンピュータに保存されているデータを不正に入手すること。	メールなどの個人データを盗み見る。
改ざん	データを書き替えること。	Webページを改ざんする。
破壊	データを削除すること。	ファイルを削除する。
サービス妨害	処理しきれないような大量の要求をコンピュータに送りつけること。	Webサーバーをダウンさせる。

不正アクセスを回避するためには、技術面および運用面の両面で利用環境の安全性を高めるための対策が必要になります。また、IDやパスワードを安易に他人に教えないといったひとりひとりの心がけも重要です。

3 ハッカー

「ハッカー」とは、本来はコンピュータやシステムに関する知識が豊富な人のことで、かつては優れた技術を持つ人に対する賞賛の意味合いが強い言葉でした。最近では、コンピュータの知識を悪用して他人のシステムに侵入し、不正な行為を行う人をハッカーと呼ぶことが多くなっています。悪意のないハッカーと区別するために、コンピュータやシステムに関する知識を悪用する人のことを「クラッカー」と呼ぶこともあります。

また、本来の意味に近い、豊富な知識を正しい目的に使うハッカーのことを「ホワイトハッカー」と呼びわけることもあります。

確認問題

次の文章の正誤を〇×で答えてください。

☐ 1. 情報セキュリティ対策は、さまざまな脅威から組織の情報資産を守り、被害を未然に防ぐために必要である。

☐ 2. 情報資産は、「有形資産」と「無形資産」に大別することができる。

☐ 3. 「公開情報」には、製品情報や個人情報などがある。

☐ 4. 情報セキュリティ対策のためには、システム管理者が中心となって技術的対策だけを行えばよい。

☐ 5. 情報漏洩は、外部からの不正アクセスによって起こることが多い。

☐ 6. 不正アクセスとは、なりすましや盗聴、改ざんなどの不正行為の総称である。

第2章 利用者の情報セキュリティ対策

- 2-1 ウイルス対策ができていないときのトラブル …………… 11
- 2-2 Webページを閲覧しているときのトラブル ……………… 17
- 2-3 メールを送受信しているときのトラブル ………………… 23
- 2-4 ユーザーIDやパスワードの管理ができていないときのトラブル… 29
- 2-5 情報資産の持ち出し/持ち込み時のトラブル …………… 35
- 2-6 情報を処分するときのトラブル …………………………… 43
- 2-7 著作権の侵害に関するトラブル …………………………… 47
- 2-8 その他の脅威 ………………………………………………… 51
- 確認問題 …………………………………………………………… 57

2-1　ウイルス対策ができていないときのトラブル

事例 1　ウイルス対策ソフトの未導入による被害

家電メーカーのX社では、社内ネットワークのセキュリティ対策を講じています。その一環として、利用者の各コンピュータにウイルス対策ソフトをインストールすることが義務付けられています。

X社の経理部に勤務するAさんは、業務でパソコンを利用していました。Aさんは、ウイルス対策ソフトのインストールが義務付けられていることを知っていましたが、経理部の同僚もインストールしていなかったため、特に気にせずに利用していました。

ある日、Aさんを含む経理部の大多数のパソコンで、処理が異常に遅くなり、業務に支障をきたすほどの事態が起きました。慌てたAさんが情報システム部に調査を依頼した結果、ウイルスに感染していることが判明しました。被害の範囲を調査したところ、ウイルスに感染していたパソコンでは、いくつかのファイルが削除されていることがわかりました。Aさんのパソコンでも重要なファイルが削除されており、関係者に多大な迷惑をかけてしまいました。

この事例の要因として、経理部でウイルス対策ソフトが導入されていなかったこと、データのバックアップが取られていなかったことがあげられます。

解説

■ウイルス対策ソフトを導入する

ウイルス対策ソフトは、ウイルス感染の防止や感染後の駆除を目的として、個々のパソコン上で動作するプログラムです。
一般的なウイルス対策ソフトの導入の流れは、次のとおりです。
① ウイルス対策ソフトを選定してインストールします。
② ウイルス定義ファイルを常に最新状態にします。
③ ウイルススキャンを定期的に実行します。
④ ウイルス常時監視機能を有効にします。
※各項目の機能名はウイルス対策ソフトによって異なります。

■バックアップを取る

「バックアップ」とは、重要なデータを別の場所や媒体にコピーして保管することです。ウイルス被害にはデータが削除されてしまうこともあります。万一に備えて、定期的にバックアップを取ることを心掛けましょう。

チェック

- ☐ ウイルス対策ソフトを導入しましょう。
- ☐ 定期的に別媒体にデータのバックアップを取りましょう。

用語

ウイルススキャン
パソコンがウイルスに感染しているかを検査することです。

ウイルス常時監視機能
メールの受信時やファイルを開こうとしたときなど、常にウイルスの侵入を監視して感染を防止する機能です。

事例2　ウイルス定義ファイルの未更新による被害

　システム開発会社のX社では、ウイルス対策ソフトがインストール済みのコンピュータを社員に配布して、社内ネットワーク環境を構築していました。
　ウイルス対策ソフトの定義ファイルは、各人に管理を任されており、情報システム部から、メールや社内掲示板で全社員に向けて、定義ファイルを更新するように定期的に通告が送られていました。
　しかし、営業部のAさんは営業活動で多忙なこともあり、定義ファイルの更新をしていませんでした。
　ある日、Aさんに取引会社のBさんから電話がかかってきました。
　「おたくのアドレスからウイルスメールが送信されてきているぞ。おかげでうちの重要なパソコンも2台感染してしまった。おたくの会社のウイルス対策は、どうなっているんだ！！」とBさんはすごい剣幕で、電話越しにAさんを怒鳴りつけました。
　Aさんは慌てて情報システム部に電話して、「パソコンがウイルスに感染して、取引先にウイルスメールを発信しているようだ。大至急ウイルスを駆除してほしい。」と依頼しました。

　情報システム部の担当者にAさんのパソコンを確認してもらった結果、ウイルスに感染しており、メールソフトに登録されていた取引先のメールアドレスにランダムにウイルスメールが送信されていたことがわかりました。
　被害の拡大を防ぐため、パソコンのネットワークケーブルを抜き感染原因を調査してもらったところ、ウイルス対策ソフトの定義ファイルが更新されていないことが原因であると判明しました。そこで、定義ファイルを最新状態にして、ウイルススキャンをしたところ、無事にウイルスを駆除できました。
　Aさんがほっとしたのも束の間、今度は別の取引先の担当者から、Aさんからウイルスメールが届いたとの苦情の電話がかかってきました。

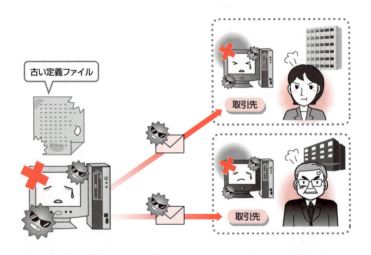

その後、システム開発会社であるにも関わらずウイルス騒ぎを起こしたX社は信頼を失い、複数の取引先から仕事の依頼がこなくなってしまいました。

この事例の要因として、定義ファイルの更新を怠っていたことがあげられます。

解説

■ウイルス対策ソフトの運用上の注意点

ウイルス対策ソフトは、「定義ファイル」といわれるウイルスに関する情報が含まれているファイルを使用してウイルススキャンを行っています。
したがって、定義ファイルを最新の状態にしておくことで、最新のウイルスに対応することができます。
より効果的にウイルス対策ソフトを使用するには、次の2点が重要になります。
- 定義ファイルは常に最新状態にして使用する。
- ウイルス常時監視機能は常に有効にして使用する。

■ウイルスの傾向

近年脅威をもたらすウイルスのほとんどが、メール経由で感染しています。感染後、メールソフトのアドレス帳のみならずコンピュータ内のファイルなどに記述されているメールアドレスまでも参照し、ランダムにウイルスメールを送信します。その際、ウイルス自身が持っているメール送信機能を使うものも多く、メールソフトを起動していなくてもウイルスメールを拡散させ感染範囲を広げます。
すなわち、ウイルスに感染すると被害者になるだけではなく、無意識に加害者になる可能性もあるということです。
仮に、組織内の99%が完璧にウイルス対策を行っていたとしても、残りの1%に不備があればウイルスに感染してしまう可能性があります。その結果、ウイルスメールが他者に送られてしまい、組織全体の信頼を失うことになってしまいます。このようなことを全員が意識して全組織的なセキュリティ対策を行う必要があるでしょう。

■ウイルス感染時の対応

ウイルス感染時の被害拡大を防ぐ対応は、次のとおりです。
① 被害の拡大を防ぐため、最初にネットワークケーブルを抜くなどして感染したパソコンをネットワークから切り離します。
② 管理者の指示に従います。

チェック

- ☐ ウイルス対策ソフトの定義ファイルを常に最新状態に更新しましょう。
- ☐ 定義ファイルを最新の状態にしたら、ウイルススキャンをしましょう。

事例3　セキュリティホールからのウイルス感染

コンサルティング会社のX社でネットワーク管理を任されているAさんは、社内LANとインターネット接続の環境を整え、ウイルス対策ソフトの導入まで行っています。定義ファイルは、サーバーから配信しており、常に最新状態で運用されていました。

ある日、管理者のAさんのところに総務部のBさんから電話がかかってきました。

 B　「私のパソコンの動作スピードが急激に遅くなっていて仕事になりません。ちょっと見てもらえますか？」

 A　「ウイルスの可能性もありますね。ウイルス対策ソフトでチェックしましたか？」

 B　「はい。定義ファイルも最新状態でチェックを行いましたが、ウイルスは検出されませんでした。」

 A　「わかりました。調べてからそちらに行きますので、少々お待ちください。」

電話を切ったあと、Aさんがインターネットで調べたところ、Windows系OSのセキュリティホールから感染し、ランダムにウイルスメールを送信する新種のウイルスが、ネットワーク内に発生していることがわかりました。ウイルス対策ソフトメーカーのWebサイトに、感染時の緊急駆除ツールがあったため、ダウンロードしました。Bさんの職場に行き、職場全員のパソコンを調査した結果、セキュリティホールに修正プログラムが適用されておらず、多くのコンピュータが新種のウイルスに感染していることが判明しました。Aさんは、緊急駆除ツールでウイルスを駆除後、Windows Updateを実行し、パソコンを復元しました。

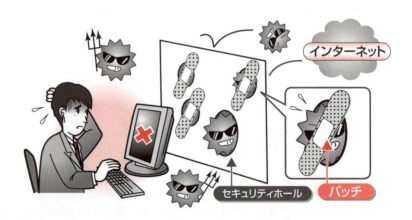

X社内での被害は少なくて済みましたが、Bさんのパソコンからウイルスメールが自動送信されていたため、取引先であるY社で多数のパソコンがウイルスに感染し壊滅的な状況になってしまいました。

この事例の要因として、Bさんの職場のほかのパソコンでセキュリティホールが放置されていたことがあげられます。

● セキュリティホール

「セキュリティホール」とは、OSやアプリケーションのプログラム上の設計ミスのことです。OSやアプリケーションのセキュリティホールは、日々新たに報告されており、その情報はソフトウェアメーカーのWebページなどに掲載されています。利用しているOSやアプリケーションを把握したうえで、定期的に修正プログラムを適用することが重要です。

最近では、セキュリティホールを悪用した攻撃が本格化するまでの時間が短くなる傾向にあります。セキュリティホールの情報が公開された直後にウイルスを作成し、セキュリティホールへの対応が遅れた組織を攻撃するケースが増加しています。

● 修正プログラムの適用

Windows系OSのセキュリティホールに修正プログラムを適用する方法として、「Windows Update」があります。インターネット接続が可能な環境でWindows Updateを実行すると、現在利用しているOSの状態をチェックして、必要な修正プログラムが適用されます。

チェック

☐ OSやアプリケーションのセキュリティホールに関する情報を定期的にチェックし、修正プログラムを適用するように心掛けましょう。

用語

修正プログラム
セキュリティホールを修正するプログラムのことです。
「パッチファイル」や単に「パッチ」といわれることもあります。

2-2　Webページを閲覧しているときのトラブル

事例4　不審なWebページへのアクセスによる被害

総合商社X社の営業部に勤務するAさんは、新しく取扱う商品を検索するために、Webページを閲覧していました。リンクをたどっていると、商品情報とは無関係の不審なWebページに接続してしまいました。面白半分に、Webページ内の"アンケートに答えて海外旅行をゲット"というリンクをクリックしました。すると、「会員登録ありがとうございました！」というメッセージとともに、入会金50,000円の振り込み先が表示されました。

コンピュータを再起動したところ、正常に起動し、特に異常はありませんでした。しかし、しばらくすると入会金の支払いを促すメッセージが表示されてしまいます。

Aさんはパソコンを復旧する作業に3日間費やしてしまい、ほかの営業部員にも多大な迷惑をかけてしまいました。

この事例の要因として、業務に関係ない不審なWebページに接続したこと、ユーザーの危機意識が低かったことがあげられます。

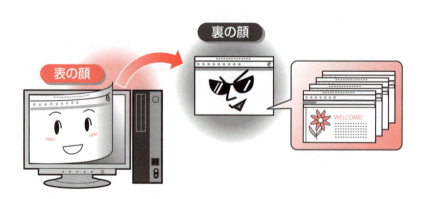

解説

● 組織におけるインターネット利用上の注意

本来、組織におけるインターネットの接続は、あくまでも業務に関連したものを検索したり調べたりすることなどを目的としています。しかし、自由に接続できる環境を利用して、業務と無関係なサイトを見ている人たちもいるようです。これは、組織の資産を業務外の目的で利用しているだけでなく、ネットワークに負荷がかかるので、処理速度の低下につながり、業務でネットワークを利用している人の作業効率を低下させ迷惑をかけてしまいます。

さらに、Webページの中には接続するだけでパソコンを動かなくさせたり、ウイルスに感染させたりするような悪質なものも存在します。本人に悪意がなくても、このようなWebページに接続することで、組織全体に迷惑をかけることになりかねません。したがって、組織内においては、インターネットを私的に利用するのをやめ、本来の目的に適した運用を心掛けましょう。

● 悪意のあるWebページに注意

悪意のあるWebページの手口にはさまざまなものがあります。
例えば、URLのリンクをクリックするとウイルスが仕込まれるようなサイトや、Webページに配置されているボタンをクリックするとそのページとはまったく関係のない掲示板に書き込みをしてしまうものなどがあります。
やっかいなのは、仕込まれたウイルスによりほかのユーザーを攻撃したり、掲示板に公序良俗に反するような書き込みをしたりして、本来被害者であるはずなのに加害者とみなされてしまうようなことがあることです。
このような悪意のあるWebページがあることを認識しつつ、インターネットを利用するとよいでしょう。

チェック

☐ 業務に必要のないWebページ、不審なWebページにはアクセスしないようにしましょう。
☐ ネットワークの私的利用はやめましょう。

事例5　Webページへの不用意な個人情報の登録による被害

自動車メーカーのX社に勤務するAさんは、昼休みに会社のパソコンからインターネットの懸賞サイトに接続し"ノートパソコン3名にプレゼント"という懸賞に氏名・年齢・住所・メールアドレスを入力して応募しました。
Aさんはプライベートのメールアドレスも持っていましたが、ほとんど見ることがなくなっていたので会社のメールアドレスを登録しました。

その後、送信元不明の広告メールや出会い系メールなどが日増しに増え、Aさんのメールボックスがパンクして重要なメールなどが受信できない問題が発生しました。
Aさんは関係者にメールを再送してもらうように依頼するなど、多くの人に迷惑をかけてしまいました。
このトラブル対応に奔走したAさんは、2日間も本来の業務ができませんでした。

この事例の要因として、ネットワークとメールアドレスを私的に利用したことがあげられます。

解説

●Webページへの個人情報の登録に注意

懸賞ページをはじめ、個人情報の登録を要求するWebページがインターネット上に氾濫しています。特に悪意のあるWebページに、個人情報を登録してしまったことで、迷惑メールやダイレクトメールが送られてきたり、クレジットカード番号などを登録することで不正な引き落としがされたりすることがあります。したがって、Webページの信頼性などを十分に考慮してから個人情報を登録するようにしましょう。また、組織から与えられているメールアドレスは業務で使用するものであり、私的な利用は行わないようにしましょう。

※すべての懸賞ページでこのようなことがあるわけではありません。

チェック

- ☐ 業務に必要のないWebページ、不審なWebページへはアクセスしないようにしましょう。
- ☐ ネットワークの私的利用はやめましょう。
- ☐ 組織のメールアドレスを業務目的以外に利用することはやめましょう。

用語

アンダーグラウンドサイト
一般的に、モラルに反する内容や非合法な行為または情報を掲載しているWebページのことです。
例えば、ウイルスの作成や配布方法が掲載されていたり、市販されているソフトウェアや音楽CDなどを無断配布していたりします。このようなWebページは、接続するだけでウイルスに感染したり、個人情報を盗み取るようなスパイウェアを忍び込まされたりすることがあります。

事例6　掲示板への不用意な書き込みによる被害

プリンタ製造販売業Y社の営業部に勤務するAさんは、他社製品の性能情報や価格情報を収集するために、パソコン周辺機器を販売している会社のWebページをたびたび閲覧していました。

ある日、AさんがいつものようにWebページを閲覧していると、"消費者の声"という掲示板を見つけました。自社製品の感想を確認するために掲示板を読んでいると、書き込みの中にY社とライバル会社であるX社のプリンタの出力速度を比較したものがありました。内容は、Y社のプリンタよりX社のプリンタの出力速度が速い、というものでした。

Aさんは、そんなはずはないと、Y社の社員であることを名乗り、出力速度はほぼ同じであるという否定の書き込みをしました。

ところが、その後、X社のプリンタの性能情報を確認すると、X社の製品の方が速いことが判明しました。

掲示板では「Y社は自社製品を売るために平気で嘘をつく」という内容の書き込みをされてしまい、結果的にY社の評判を下げてしまうことになりました。

この事例の要因として、掲示板に不用意に組織名を名乗って書き込みをしたことがあげられます。

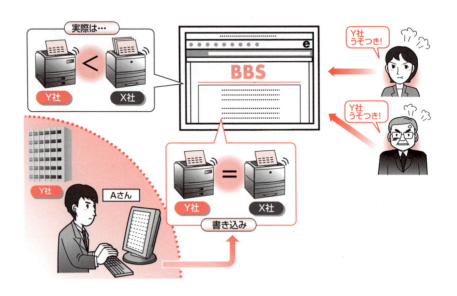

解説

● 掲示板の利用上の注意

「掲示板」とは、情報を書き込み、ネットワークやインターネット上のユーザーが閲覧したり返答したりできるようにしたシステムです。

不特定多数のユーザーに閲覧されるため、嘘や誤情報などの書き込みをしないような注意が必要です。正しい内容を書き込む場合でも、内容をよく確認することが必要です。

特に、組織に属する人が個人の意見を書き込んだとしても、組織の公式の発言とみなされてしまうため十分に注意が必要です。そのような発言は、控えるかもしくは明確な情報で裏付けを取ってから掲載するようにしましょう。

● 情報発信時の注意

インターネットに情報を発信するときは、次のようなことに注意しましょう。
- 個人や団体に対する誹謗中傷をしないように気を付ける。
- 個人情報を掲載しないようにする。
- 公序良俗に反する文章や画像を掲載しないようにする。

チェック

☐ 原則として、業務上の内容を掲示板へ書き込むことは控えましょう。
☐ 掲示板へ組織名を明記し書き込む場合は、内容の真偽を確認することはもちろん、上司などの指示を得るようにしましょう。

2-3 メールを送受信しているときのトラブル

事例7　ウイルスメールによる被害

電力会社X社の総務部に勤務するAさんが出社してメールを受信したところ、昨夜から今朝にかけて未読メールが6通きていました。1通ずつメールを確認していると、次のようなメールが含まれていました。

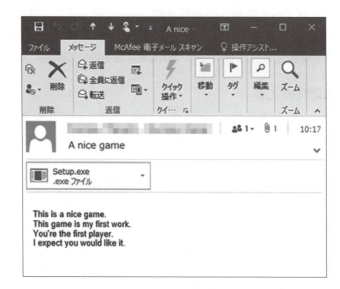

不審なメールでしたが、添付ファイルを開けば内容がわかるだろうと思い、添付ファイルを実行しました。画面上は特に変わったことはありませんでしたが、別の作業をしようとして業務データを保存しているドライブを開いたところ、ひとつ残らずファイルが削除されていることが判明しました。

この事例の要因として、不明な添付ファイルを不用意に実行してしまったことがあげられます。

解説

●発信元が不明なメールは取扱いに注意

発信元およびメールの内容が不明な場合は、読まずに削除することが望ましいでしょう。添付ファイルが付いているときはさらに注意が必要です。

●添付ファイルに注意

ウイルス感染を引き起こす添付ファイルは、拡張子がexe、com、batなどの実行ファイル形式になっていることが多いです。しかし、最近ではtxt（テキストファイル）やjpg（画像ファイル）などのファイル形式を装って添付されてくることも増えています。したがって、被害を受けないように、メールソフト側で添付ファイルの拡張子をすべて表示する設定にしておくことも有効な手段です。
また、添付ファイルを開く際にはウイルススキャンをしましょう。

●発信元が明らかであっても不審なメールに注意

発信元が知人であっても、不審なメールはすぐに開いたりせず、取扱いに注意する必要があります。事前に発信元に確認して、覚えがないといわれたメールであれば開かずに削除しましょう。

●ファイルの添付に注意

本文だけで済む内容のメールを送信する場合は、必要以上にファイルを添付しないようにしましょう。ファイルを添付する場合は、メールの本文に添付ファイルの簡単な説明を付けましょう。

> **チェック**
>
> ☐ 差出人が知人かどうかに関わらず、内容が不審なメールは削除するようにしましょう。
> 　（メールを開いただけでウイルスに感染してしまうこともあります。）
> ☐ 不審な添付ファイルは、実行しないように注意しましょう。

事例8　ウイルスに関するデマメールによる被害

医薬品メーカーX社の情報課に勤務するAさんは、取引先である複数の病院から毎日約20通のメールを受信しています。ある日、以前取引があった病院の担当者から次のようなメールを受信しました。

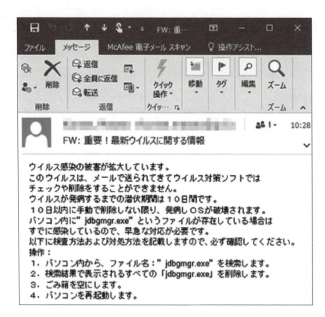

Aさんは、ほかの人たちがウイルスに感染しないように、全社員にメールを転送し、メールに書かれている内容どおりの対処を行うように通達しました。

後日、Webページで確認したところ、このメールはデマメールだということがわかりました。幸いにも、OSの動作に影響するような重要ファイルではなかったため、大きな被害にはなりませんでしたが、X社ではこの対応に追われ、業務に支障をきたしてしまいました。

この事例の要因として、メールの真偽を確認せずデマメールを転送し、デマメールの内容どおりにファイルを削除してしまったことがあげられます。

解説

■ウイルスに関するデマメール

「デマメール」とは、嘘のウイルス情報が記載されていて受信者を混乱させるメールです。例えば、ウイルスとはまったく関係ない正常なファイルの削除方法などが記載されており、受信者にパソコンの環境を破壊させてしまうものなどがあります。
デマメールに関する対策には、次のようなものがあります。
- 不審な操作が記載されていても操作しない。
- インターネットを利用してデマメールの情報を調査し判別する。
- 速やかにメールを削除する。

■迷惑メール（スパムメール）

いろいろな方法でメールアドレスを調べ出し、受信側の意思とは関係なく大量に送られてくるメールのことで、宣伝や広告を目的としています。迷惑メールの対策には、メールソフトの受信拒否機能に、発信元のメールアドレスを登録することなどがあります。

■チェーンメール

不幸の手紙のように、不特定多数のユーザーに転送されるメールのことです。チェーンメールにより、メールサーバーやネットワーク全体に負荷がかかることがあります。チェーンメールの拡大防止対策は、受信しても転送せずに削除することです。内容が善意的なものであっても、ネットワークに負荷をかけるため転送しないように注意しましょう。

チェック

☐ 不審なメールは、インターネットなどで調査し、出回っていないか確認しましょう。
☐ デマメール、迷惑メール、チェーンメールなどは転送せず削除しましょう。

事例9　誤送信による情報漏洩（うっかり送信）

IT企業のX社では、来年度の新入社員を採用するため、会社説明会を開きました。説明会終了後、採用試験の受験を希望する学生に対して、メールで採用試験を実施する日時や場所などの情報を送信することにしました。

人事担当のAさんは、メールを送信する際に学生たちのメールアドレスを宛先に入れて、同報で送信しました。

しばらくすると、ある学生から電話があり、「宛先にほかの学生のメールアドレスが見えてしまっています。これは情報漏洩になりませんか？」というクレームがきてしまいました。その後、数人の学生から同様の連絡がきました。

この事例の要因として、メール送信時にお互い知らない人同士のメールアドレスを宛先に指定してしまったことがあげられます。

解説

■うっかり送信

「うっかり送信」とは、情報をメールやFAXなどで送信するときに、うっかり宛先を間違えたり、宛先が全員に見える状態で送信してしまうことです。これは重大な情報漏洩につながり、うっかりでは済まされない状況を引き起こしかねません。情報を送信するときは、念のため送信前に宛先を再確認するように心掛けましょう。

■メールの宛先

メールの宛先には、TO、CC、BCCがあります。
各機能の違いは以下のとおりです。

- TO(宛先)：メールを送信する相手のアドレスを指定します。TOで指定した場合、受信者同士でメールアドレスを見ることができます。
- CC(Carbon Copy)：TOを指定して送信するメールのコピーを他者にも確認してもらうときに指定します。CCで指定した場合、受信者同士でメールアドレスを見ることができます。
- BCC(Blind Carbon Copy)：CCと同様の目的で使用します。BCCで指定した場合、受信者同士でメールアドレスを見ることができません。

複数の宛先にメールを送信するときに、すべての宛先を「TO」や「CC」に指定してしまうと「自分のメールアドレスは他人に知られたくない」と思っている受信者のメールアドレスであっても、無条件にほかの受信者に知られてしまうことになります。
このようなことを防ぐためには、受信者同士では宛先が見えない「BCC」を指定して送信することが大切です。
誰が同じ内容のメールを受け取っているか、受信者同士で明確にしなければならない場合以外は、積極的にBCCを指定して送信するように心掛けましょう。

チェック

- ☐ メールを送信するときは、送信前に宛先を再確認しましょう。
- ☐ メールアドレスの情報漏洩に注意しましょう。

2-4 ユーザーIDやパスワードの管理ができていないときのトラブル

事例10 簡単なパスワード設定による情報漏洩

X銀行では業務用パソコンがひとり一台用意されています。支店長のAさんは、自分のユーザーIDとパスワードを利用して全顧客の口座データにアクセスすることができます。Aさんはパスワードを忘れないように、誕生日の12月24日という日付から、"1224"を設定しています。

ある日、Aさんが出勤すると、前日に電源を落として帰ったにもかかわらず、パソコンに電源が入っていてログオンされている状態でした。不審に思いアクセスログを確認すると、支店長のAさんしかアクセスすることができない全顧客の口座データのファイルがコピーされていました。
さらに、ファイルを開いて確認したところ、数百件のデータが削除されていました。

数日後、インターネット上にX銀行から漏洩した口座情報が出回っていることが判明しました。
この結果、X銀行は信用を失ったあげくお客様から提訴されてしまいました。

この事例の要因として、個人データなどの推測されやすいパスワードを設定していたことがあげられます。

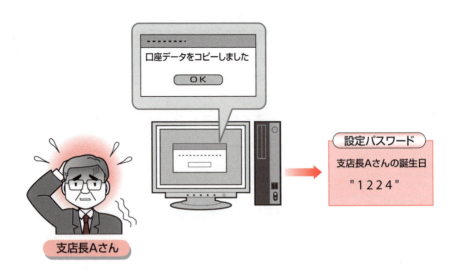

解説

■ユーザーIDとパスワード

ユーザーIDは、システムを利用する上で、利用者を識別するために割り当てられるものです。また、本人しか知らないパスワードとあわせて入力することで、システムが利用者を認証して使用を許可します。

■パスワード設定時の注意

パスワードを設定する際、忘れないように誕生日や電話番号、従業員番号などを設定しているケースがあります。しかし、これらの情報は他人にすぐ調べられてしまいます。パスワードを知られてしまうと、本人になりすまして、ネットワークやデータを不正に利用されてしまう可能性があります。
したがって、パスワードは他人に推測されないような難解なものにする必要があります。一般的に、難解なパスワードの作成方法として英字、数字、記号などを組み合わせるものが有効です。そのほかにもさまざまな工夫をして、パスワードを設定しましょう。

■解読されにくいパスワードの作成方法①

パスワードを難解にして、他人にわからないようにすることは非常に重要です。その反面、難解にすればするほど本人も覚えづらく忘れてしまう可能性があります。いくら難解にしたところでパスワードを忘れ、管理者に再設定を何度も依頼するようでは問題です。
覚えやすく、かつ他人に解読されにくいパスワードを付ける方法のひとつに「文字置換の作成方法」があります。

```
例：a → @    i → 1    A → 4
    o → 0    t → +    z → 2
```

これを利用して、例えば「password」という単語の一部分を置き換えて、次のようなパスワードを作成することができます。

作成例：p@ssw0rd

ここで紹介したのは一例です。誰にでも想像できる置き換えでは意味がありません。自分だけの置き換えパターンを作ることで強固なパスワードにすることができます。

※置換前の文字列にも、想像されにくいものを使用すると、より強固なパスワードを作成できます。

チェック

☐ ユーザーIDとパスワードは他人に知られないよう厳重に管理しましょう。
☐ 他人に解読されないパスワードを設定しましょう。

事例11　ユーザーIDとパスワードの漏洩

建設会社のX社に勤務するネットワーク管理者のAさんは、ファイルサーバー、プリントサーバー、アプリケーションサーバーの3台を管理しています。各サーバーには細かくアクセス権を設定することでデータが不正利用されないようにしています。

Aさんには、過去にパスワードを忘れてしまいサーバーのデータにアクセスできなくなるという苦い経験がありました。それ以来、ほかの社員はサーバーに触れることがないという理由から、各サーバーのディスプレイにパスワードのメモを貼り付けていました。

ある日、ファイルサーバーにある、管理職のみが閲覧可能な人事情報が一般社員の間で出回っていることが判明しました。Aさんは、ファイルサーバーのアクセス権を再度見直し、設定漏れや変更がないかを確認しましたが、特に何の形跡もありませんでした。

次に、サーバー上のログを確認したところ、Aさんが明らかに利用していない時間帯にサーバーが利用された形跡がありました。
何者かがディスプレイに貼ったパスワードのメモを利用して、サーバーからデータを盗んだようです。

この事例の要因として、パスワードを記入したメモをほかの人の目につく場所においていたことがあげられます。

解説

■ユーザーIDとパスワードの管理上の注意

ユーザーIDとパスワードは利用者本人であることを認証する重要な情報です。しかし、ユーザーIDやパスワードを忘れないために、付箋紙に記載してディスプレイに貼っている人たちも見受けられます。これは、他人にシステムやネットワークを利用してください、といっているようなものです。また、手帳やノートに記載して管理している人もいるようですが、紛失や盗難により、組織の重要な情報までが危機にさらされることになります。したがって、ユーザーIDやパスワードはほかの物に記載しないようにし、記載する場合でも、直接パスワードを記載するのではなく、キーワードやヒントだけにしましょう。

■解読されにくいパスワードの作成方法②

覚えやすくかつ他人に解読されにくいパスワードを作成する方法として「フレーズからの作成方法」があります。

最初にフレーズを決めておき、各単語の頭文字などを取ってパスワードを作成します。例えば、「パスワードは正しく管理しましょう。」というフレーズを英訳し、その頭文字などからパスワードを作成すると次のようになります。

フレーズ：Let's manage the password exactly!

↓

パスワード：Lmthepe!

このように、作成者はパスワードをフレーズで覚えられるため忘れにくくなります。

> **用語**
>
> ログ
> パソコンの処理状況や利用状況を記録したデータのことです。

事例12　IDカードの使い回しによる被害

大手百貨店のX社では、多くの顧客情報を管理するための専用コンピュータを設けています。専用コンピュータにはカードリーダーが備え付けられており、顧客情報を閲覧する際には個々に発行されているIDカードを差し込んで認証することが必要です。

したがって、社員も臨時社員も必ずひとり一枚のIDカードが発行され、携帯が義務付けられています。

しかし、臨時社員の人数が増えるにつれてIDカードの発行管理が煩雑になり、カードがない人も増加したことから、臨時社員同士で使い回すようになってしまいました。

ある日、事務所から専用コンピュータの顧客情報がコピーされ、外部に漏洩しているという事実が発覚しました。社員のAさんが社内調査をするように命じられました。Aさんは、専用コンピュータのシステムログや聞き込み調査を行い、容疑者をひとりに特定しました。

Aさんが容疑者として臨時社員のBさんを呼び出し、事情を確認したところ、お客様名簿を盗み、名簿販売会社に2万円で売ったことを認めました。

手口を聞くと「事務所には多くの臨時社員が出入りしているし、IDカードの管理も煩雑になっていたので、誰がやったかわからないと思った。」ということでした。

この一件により、お客様から「X社を名乗る迷惑な電話が増えた。」「変なDMが来るようになった。」などのクレーム電話が殺到し、社員は対応に追われるようになりました。

X社では、被害の申し出のあったお客様全員に1,000円の商品券を配布するという費用はもちろんのこと、"お客様の信用"という金額には換算できない重要なものを失ってしまいました。

この事例の要因として、IDカードの管理が煩雑になっていたことがあげられます。

解説

● IDカードの管理

IDカードは、使用者を識別・認証するものです。最近では、IDカードに磁気やICチップを搭載して、コンピュータの使用認証や事務所への入出認証を行う形態も増加しています。このように重要な役割を持つIDカードを複数の人で使い回すことは大変危険な行為です。使い回すことで、紛失の可能性も高くなります。仮に紛失した場合、悪意のある者に拾得されると、情報資産や金品を盗難されてしまう可能性があります。また、使い回すことで使用者の特定が困難になり、誰がやったかわからないことで犯行を容易にしてしまう可能性もあります。

このようなことがないように、IDカードはひとりに一枚ずつ割り当て、貸し借りを禁止するなど、厳重に管理する必要があります。

● バイオメトリクス認証

現在、さまざまな認証方式が開発されており、中でも最も注目されているのは「バイオメトリクス認証」です。バイオメトリクス認証とは、指紋・虹彩・声紋などの身体的な特徴から本人を確認する方式です。

チェック

- ☐ IDカードの貸し借りはやめましょう。
- ☐ IDカードは盗難されないよう保管しましょう。
- ☐ IDカードが盗難されたり紛失したりしたときは速やかに管理元に連絡しましょう。

2-5 情報資産の持ち出し/持ち込み時のトラブル

事例13 情報資産の置き忘れによる被害

システム運用会社のX社では、派遣会社のY社から社員データ入力および管理業務を委託されました。

X社で入力担当に任命されたAさんは、Y社の970人分の社員のデータ(社員番号、氏名、生年月日、性別、携帯電話番号、メールアドレス)を受け取りました。至急を要する仕事で、会社だけでは終了しなかったため自宅で作業をすることにしました。Aさんは、社員リストのデータをコピーしたノートパソコンを持ち帰りましたが、電車の網棚に置き忘れて紛失してしまいました。

すぐに鉄道会社に紛失届を提出しましたが、何日経っても出てきませんでした。数日後、Y社の多数の社員の携帯電話に、X社を名乗る迷惑な勧誘電話がかかっているという事実が発覚しました。

この件でX社は信頼を失い、Y社との業務関係はなくなってしまいました。

この事例の要因として、秘密情報を持ち出す際の適切な対処を行っていなかったことがあげられます。

解説

■情報資産の持ち出し

重要な書類やデータは、原則として持ち出しを禁止します。持ち出す必要がある場合は、次のような脅威があることを意識しておきましょう。

●置き忘れ

最近では、電車や新幹線などの中で業務書類やノートパソコンを使って作業をしている人も珍しくありません。その時に注意したいのは「置き忘れ」です。業務書類はもちろんのこと、ノートパソコンなどには、企業内の情報や個人に関係する情報が含まれていることがあります。また、ノートパソコンにインターネットや社内ネットワークに接続する設定などがされていれば、侵入されて重要な情報にアクセスされてしまうことも考えられます。したがって、置き忘れによる被害は、機器の損失額のみならず情報漏洩や不正アクセスにつながる可能性があるため、十分に注意しましょう。

●盗難

置き忘れと同様に注意しなければならないのが「盗難」です。機器を狙った盗難や保存されているデータを狙った盗難など、社外のみならず社内においても盗難が発生する可能性があるため、十分に注意しましょう。

■置き忘れや盗難の対策

ノートパソコンの置き忘れや盗難が発生した場合、情報が漏洩しないように次のような対策をするとよいでしょう。

- BIOSパスワードを設定する。
- ログオンパスワードを設定する。
- データのアクセス権を設定する。
- 重要なデータは暗号化する。

■スマートデバイス

手軽に持ち運びのできる情報機器に、スマートフォンやタブレット端末などの「スマートデバイス」があります。スマートデバイスには、電話帳やメールアドレスなどの重要なデータが保存されていることが多く、紛失すると即座に情報漏洩につながってしまうことになります。持ち運びのできるスマートデバイスこそ確実にセキュリティ対策を行う必要があります。

チェック

- ☐ 重要な書類やデータの持ち出しは原則として禁止しましょう。
- ☐ 重要な書類やデータを持ち出す場合は、取扱いに十分気を付けましょう。
- ☐ 持ち出し用のノートパソコンには置き忘れや盗難の対策をしましょう。

事例14　ウイルス感染データの持ち込みによる被害

ベンチャー企業X社のAさんは、マーケティング担当者として働いています。
Aさんは業務の調査目的で、1日の半分以上、パソコンを利用していますが、Aさん自身はネットワークやセキュリティには、あまり詳しくありません。
ただし、以前に社内勉強会で、社内のネットワーク担当者から「当社は、契約しているプロバイダのウイルスチェックサービスに加入しているので、外部からのウイルス侵入を防ぎ、感染する心配はありません」と説明を受けていました。そのため、セキュリティについては安心していました。

ある日、Aさんのところに、大量の調査依頼が持ち込まれました。
非常に時間がかかりそうで、少し困惑したAさんでしたが、ふと「以前、自宅で調べてダウンロードしたデータが使えるかも知れない」と思いつきました。

翌日、AさんはUSBメモリで会社にデータを持ち込み、自分のパソコンにデータを保存してから業務を開始しました。
その結果、Aさんの狙い通り、自宅から持ち込んだデータに、少しだけ新規に調べたデータを追加するだけで、調査依頼のデータを仕上げられることがわかりました。
気分よく作業を進めていたAさんでしたが、あと少しで作業完了というところで、急にネットワークの動作がおかしくなりました。
慌ててAさんは、ネットワーク担当者のところに行き、事情を説明しました。
すぐにネットワーク担当者がAさんの席に行き、Aさんが持ち込んだデータのウイルススキャンをしてみると、ウイルスに感染していることが判明しました。

この事例の要因として、外部から持ち込んだデータをウイルススキャンをすることなく使用してしまったことがあげられます。

解説

●データの持ち込みと持ち出しの注意

外部記憶媒体として現在よく利用されているものには、USBメモリ、CD、DVDなどがあります。これらの外部記憶媒体を経由してデータを受け渡しするときに注意しなければならないのは、ウイルスの感染です。組織内ネットワークにむやみにデータを持ち込むことは、ウイルスを組織内ネットワークに侵入させる可能性を高めてしまうことになります。

また、取引先などに外部記憶媒体でデータを提供するとき、ウイルスに感染したデータを渡してしまうとウイルス感染の被害が出るのはもちろんのこと、企業間の信頼関係にも影響が出ます。したがって、どちらの場合も、事前にウイルススキャンを実施するようにしましょう。

●プロバイダーのウイルスチェックサービス運用上の注意

プロバイダーでは、さまざまなセキュリティに関するサービスが提供されています。その中のひとつに、インターネットからウイルスの侵入を防ぐ「ウイルスチェックサービス」があります。このサービスは、メールやインターネットの利用時、外部との接続時にウイルスが侵入しないようにチェックするサービスです。

このサービスを利用すると、組織のネットワークにウイルスが侵入する可能性を低くすることができます。ただし、外部記憶媒体などによって直接ネットワーク内に侵入するウイルスを検知したり駆除したりすることはできません。

> **チェック**
> ☐ USBメモリ、CD、DVDなどの外部記憶媒体でデータを移動する前にはウイルススキャンをしましょう。
> ☐ しばらく利用していない外部記憶媒体を利用するときは事前にウイルススキャンを実行しましょう。
> ☐ ウイルス対策ソフトを導入し運用しましょう。

事例15　許可されていないアプリケーションのインストールによるトラブル

輸入家具販売商社のX社で営業として勤務するAさんには、会社から業務用にセットアップされたノートパソコンが支給されています。Aさんはこのノートパソコンに会社では許可されていないフリーソフトをインストールして使用しています。

ある日、社内でインターネット上にX社の顧客情報が出回っているという情報が流れました。

情報の真偽を突き止めるために、インターネットからその顧客情報を入手したところ、X社の顧客情報の中でもAさんが担当している顧客情報だけであることが判明しました。

原因を調査した結果、Aさんがインストールしたフリーソフトが原因であることがわかりました。このフリーソフトは、表面的には便利な機能を提供してくれるソフトなのですが、見えないところでコンピュータ内の個人情報をインターネットに漏洩するというものでした。

その結果、X社は顧客情報が漏洩した企業として信用を失ってしまいました。

この事例の要因として、許可されていないアプリケーションをインストールしていたことがあげられます。

解説

●アプリケーションのインストールの注意

コンピュータにインストールすることができるアプリケーションには、文書作成ソフトや表計算ソフトから、特定の業務専用のもの、または趣味に活用できるものなどさまざまです。

しかし、アプリケーションの中には、既存のアプリケーションと干渉して障害を引き起こすものや、コンピュータに保存してある個人情報をインターネットに発信してしまうものもあり、むやみなアプリケーションの導入はトラブルの原因となる可能性があります。

こういったトラブルを回避するためにも、組織内で許可されたアプリケーションのみをインストールするようにしましょう。

●特定のアプリケーションに感染するウイルス

特定のアプリケーションのみに感染し、被害を引き起こすようなウイルスが登場しています。

例えば、特定のファイル交換ソフト自体に感染するウイルスは、感染するとコンピュータ内の個人情報などの情報を収集し、同じファイル交換ソフトを利用している不特定多数のコンピュータに送信してしまいます。この結果、多数の情報漏洩事件を引き起こしています。

●情報を収集するアプリケーション

悪意のあるアプリケーションが合法的に情報を収集するために、使用許諾契約に情報を収集することを明記しているものもあります。多くの場合、ユーザーは使用許諾契約を熟読せずに同意するため、意図せず情報収集を許すことになってしまっています。

> **チェック**
> ☐ アプリケーションのインストールは、組織内で許可されたアプリケーションのみに限定しましょう。
> ☐ パソコンの業務外の使用はやめましょう。

事例16　外部機器の取り付けによるパソコンのトラブル

ソフトウェア開発会社のX社でプログラマーとして勤務するAさんは、開発資産をはじめとして各種データを自分のパソコンのハードディスクに保存して管理していました。

開発資産は日ごとに増加して、Aさんのハードディスクの空き容量も残りわずかになってきました。

数日後には新規のサーバーが導入され、開発資産などはサーバーで一元管理することが決まっています。

しかし、Aさんは、禁止されていることを知りながら、個人で購入したハードディスクを持ち込んで、社内のパソコンに接続しました。

その結果、ハードディスクとパソコンの相性が悪かったため、パソコンが起動しなくなってしまいました。接続したハードディスクを取り外して再起動を行ってみましたが、ドライバが上書きされてしまったようで状況は変わりませんでした。

結局、Aさんはパソコンの復旧に手間取り、ソフトウェアの開発作業が遅れてしまいました。

この事例の要因として、禁じられていた外部機器を持ち込み、接続してしまったことあげられます。

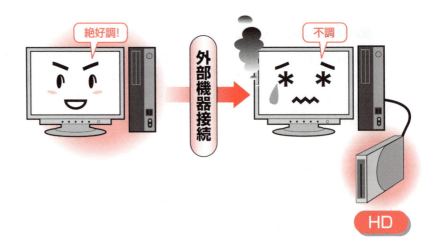

解説

● 機器接続の注意

現在出回っている多くの機器は、パソコンに接続するだけで認識されドライバが自動的に組み込まれます。これにより、外部機器の接続によるトラブルは減少しました。しかし、機器によってはドライバが悪影響となってパソコンが起動しなくなったり、別のアプリケーションが動かなくなったりする事象もあります。

また、持ち運び可能な機器を利用することで、情報の盗難などが簡単にできる環境を作ってしまうことや、ウイルスを持ち込んでしまう可能性もあります。

したがって、組織内のパソコンや情報を安全に運用していくために、外部機器の持ち込みや接続は行わない方がよいでしょう。

チェック

- ☐ 外部機器の使用は組織内のルールにしたがって行いましょう。
- ☐ 機器を接続する場合は、管理者に相談してパソコンやほかのシステムに影響が出ないかを事前に確認しましょう。

用語

ドライバ
パソコンに接続する機器を利用できるようにするためのソフトウェアのことです。

2-6 情報を処分するときのトラブル

事例17　パソコンの処分による情報漏洩

　X市役所の住民課に勤務するAさんは、個人で購入したノートパソコンを事務所に持ち込んで業務に利用しています。ノートパソコンにはさまざまな業務データがコピーされており、中には住民データも含まれていました。半年後、X市では情報化の推進が行われ、ハイスペックなノートパソコンがひとり1台貸与されることになり、今までAさんが使用していた個人所有のノートパソコンは古くなったこともあり処分することにしました。Aさんは、ノートパソコン内のデータを削除し中古機器販売会社に持ち込み売却してしまいました。

　数日後、Aさんはインターネット上で、X市の住民データが出回っていることを発見しました。調査した結果、出回っていたデータは、以前Aさんが管理していた住民データと一致し、中古機器販売会社に売却したノートパソコンから抜き出された可能性が高いということが判明しました。

　この事例の要因として、データを削除しただけで完全消去（ランダムデータや0を書き込む）しないでノートパソコンを中古機器販売会社に売却してしまったことがあげられます。

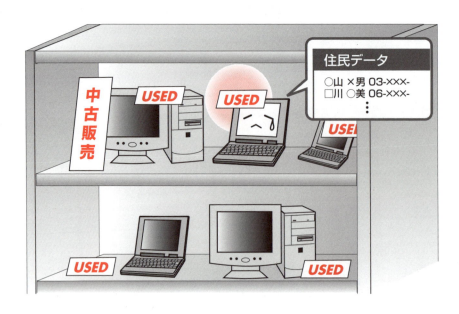

解説

■記憶媒体を処分する上での注意点

パソコン本体をはじめ、ハードディスクやUSBメモリ、CD、DVDなどの記憶媒体を処分する場合、パソコン上で削除の操作をするだけでは、データを容易に盗み出されてしまいます。
ハードディスクのデータは通常のフォーマットをしたとしても、データ復元ツールを利用することでデータの復元が可能です。
したがって、使用しなくなったパソコンを中古機器販売会社に売却したり、知人に譲渡したりする場合は完全消去ツールでデータを消去するようにしましょう。
また、記憶媒体を処分するときには、記憶媒体は読み取れないように物理的に破壊しましょう。

チェック

- □ パソコン内部のハードディスクやUSBメモリ、CD、DVDなどのデータを保存している記憶媒体を処分する際は注意しましょう。
- □ パソコンを処分する場合、事前に内部のハードディスクを取り出し物理的に破壊して、データを復元できないようにしましょう。
- □ USBメモリ、CD、DVDなどの記憶媒体を処分する場合、物理的に破壊してデータを復元できないようにしましょう。
- □ 完全消去ツールを使用してデータを消去しましょう。

用語

データ復元ツール
誤操作によって削除やフォーマットしてしまったデータを復元するためのツールのことです。しかし、このツールを悪用してデータが盗まれる場合もあるため、十分に注意する必要があります。

完全消去ツール
ディスク上のデータを完全に消去するツールのことです。通常のフォーマットでは、ディスク上のデータを完全に消去することはできません。完全消去ツールを使用することで、消去できないデータにランダムなデータや"0"を上書きするなどして、データの復元ができない状態にすることが可能です。

事例18　データ破棄による情報漏洩

電化製品販売店を運営しているX社は、全国に30の支店があり販売員は約100名います。不況のあおりを受けて売上が伸び悩み、販売店の現場からも徐々に活気が失われていました。そこで活気を取り戻し売上向上につなげるため、販売員に対して売上高に準じた評価制度を設けて、賃金に反映させることにしました。

評価の確定時期になり、人事部担当のAさんは、100名の評価管理と調整に追われていました。ある日、Aさんは上司に提出するために販売員の評価一覧を印刷しました。しかし、印刷が途中で失敗してしまいました。

提出を急がされたAさんは、失敗した印刷物を重要廃棄箱に捨て、新しく印刷しなおしました。

数日後、社員の評価の一部が社内に出回っていることが判明し、他人の評価を知ってしまったがゆえの異議申し立てが人事部に殺到しました。原因調査を実施したところ、Aさんが印刷に失敗した評価一覧の印刷物が出回ってしまったことが判明しました。この騒ぎで、Aさんは3ヶ月の減俸に処されました。

この事例の要因として、重要書類の破棄を他人任せにしてしまったことがあげられます。

解説

■データの破棄

紙の情報を破棄する場合、単にゴミ箱に捨てるだけでは、そのあとに誰の目にふれるかわかりません。公開情報などの情報であれば問題はありませんが、秘密情報などの重要な情報は、シュレッダーにかけるなどして情報を読み取れないようにしてから破棄します。

大量の情報を破棄する場合、シュレッダー処理や溶解処理を行ってくれる業者もあるので、信頼できる業者を選定し処理を委託することもできます。

■裏紙の使用時の注意点

最近では、不要になった書類を捨てずに裏紙で使用する組織が多く見られます。裏紙の使用はコスト削減の面では効果的ですが、重要書類を裏紙として使用することは厳禁です。

顧客情報、新商品開発情報、人事情報など秘密情報は裏紙にはせず、シュレッダーにかけて処分しましょう。

次のようなものに裏紙を使う場合には、特に注意が必要です。

- メモ
- 電話メモ
- 回覧用紙
- 張り紙
- FAX頼信紙 など

チェック

- ☐ 重要書類を破棄するときに、次のように細心の注意を払うようにしましょう。
  - シュレッダーにかける。
  - 手で細かく破く。
  - 重要書類の廃棄業者に確実に引き渡す。
- ☐ 不要になった重要書類は、裏紙として使用せず破棄しましょう。

2-7 著作権の侵害に関するトラブル

事例19 画像の無断利用による著作権侵害

ベンチャー企業のX社では、新製品発売時に数ヶ月間だけ使用する宣伝用の社外向けWebページを作成することになりました。多くの人たちの目に留まるように、画像や動画を駆使して作成しようと考えていました。

作成を任せられたAさんは、ほかのWebページを見てレイアウトを考えていたところ、デザインが凝っていて、多くの画像が掲載されているWebページに目が留まりました。Aさんは、その中の1枚の画像がとても気に入り、X社のWebページに利用したいと考えました。

参照元が個人のWebページであること、短期間の使用であることから、黙って画像をコピーし自社Webページに掲載しても問題ないと考えました。

その効果があって、X社のWebページへのアクセスは非常に多くなりましたが、半年後、使用した画像の参照元Webページの運営者より連絡が入り、著作権の侵害であることを指摘されました。そして、画像の提供元の明記および画像の使用料の支払いを要求され、要求に応じない場合は訴訟を起こすことを通告されました。

この事例の要因として、他者の著作物を無断で利用したことがあげられます。

解説

●著作権

「著作権」とは、著作物（文化的な創造物）を保護する権利です。
次のようなものが著作物に含まれます。
- 言語の著作物：論文、小説、脚本、詩歌、俳句、講演 など
- 音楽の著作物：楽曲、楽譜 など
- 写真の著作物：写真、グラビア など
- 図形の著作物：地図、図面 など
- プログラムの著作物：コンピュータプログラム など

なお、著作権は申請などの手続きをする必要はなく、著作した時点で権利が自然発生します。
保護期間は、原則として著作者の死後50年までとなっています。

●著作物を使用する上での注意点

著作権は、著作物を創作した時点で自然発生する権利です。Webページなどに著作権についての記述がない場合でも、著作権があるものと考えられます。
絶対に無断では使用せず、必ず事前に著作者の許諾を得ることが重要です。

> **チェック**
> ☐ 著作権を侵害しないように注意しましょう。
> ☐ 著作物を利用する場合は、事前に許諾を得て条件（使用料を支払うなど）に合わせて対応しましょう。

事例20　ソフトウェアの不正コピーによる著作権侵害

コンピュータグラフィックス専門学校Xでは、全部で20の教室を所有しており、各教室に30台ずつ合計600台のパソコンを授業で使用しています。全台に、コンピュータグラフィックスソフトがインストールされており、勉強に最適な環境が整えられています。

しかし、実情はコンピュータグラフィックスソフトを各教室につき1本ずつ購入し、その1本をコピーして使用しています。

ソフトウェアの管理を任されていた事務員のAさんは、ライセンス不足と知りつつも、予算が取れなかったためライセンス購入を先送りしていました。また、運用上のトラブルなども発生しなかったため、ライセンスの問題は棚上げの状態になっています。

その後、専門学校Xの内部告発により、ずさんなソフトウェアの管理体制が取りざたされ、コンピュータグラフィックスソフトの開発元から多額の損害賠償を請求されてしまいました。結局、本来支払うべきソフトウェアのライセンス料（600ライセンス分）とは比較にならないほど高額な出費を余儀なくされてしまいました。

この事例の要因として、ライセンスを無視した不正なインストールを行っていたことがあげられます。

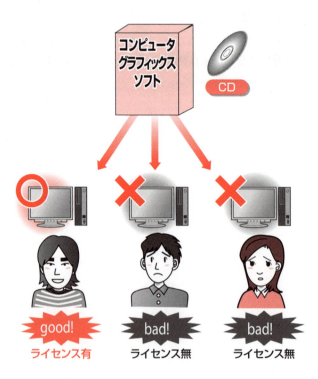

解説

■ソフトウェアの違法コピー

コンピュータのソフトウェアも著作物として、著作権が保護されます。ソフトウェアにはライセンス（使用許諾）があり、その範囲内でのパソコンへのインストールなどは許可されています。

しかし、ライセンスの範囲を超えてインストールしたり、別の媒体にコピーしたりすることは違法になります。

■違法コピーの種類

● 違法コピー
不正な手段で入手したソフトウェアを使用したり、ライセンス数を超過してソフトウェアを使用したりすることです。

● カジュアルコピー
罪の意識がなくソフトウェアを不正にコピーしたり、インストールして使用したりすることです。知らなかったからといって許されるわけではありません。

● 海賊版の使用
不正に販売されているソフトウェアを購入して使用することです。海賊版は、インターネットなどで販売されていることも多いので購入しないように注意しましょう。

● ソフトウェアの不正レンタル
ソフトウェアの使用契約の中で、レンタルが認められていないものを使用することです。

■ライセンス（使用許諾）

購入したソフトウェアを使用するための権利であり、定められた範囲内で使用が認められています。一般的に、1本のソフトウェアには1ライセンス（1台のパソコンで使用できる）が付いています。そのほかにもさまざまなライセンス形態があるため、ソフトウェアを購入するときに確認しましょう。

チェック

- □ ソフトウェアをCDなどのほかの媒体へコピーしないようにしましょう。
- □ 使用するパソコン台数分のライセンスを購入しましょう。
- □ ソフトウェアの管理者を決め、パソコンの台数とライセンスの管理をしましょう。

2-8 その他の脅威

事例21　なりすましによる情報漏洩

保険会社のX社では外回りの営業担当者が多く、週に一度しか出勤できない担当者も数多くいます。そこで、営業担当者にユーザーIDとパスワードを割り当て、インターネット経由で社内掲示板や勤怠入力システムなどの社内システムに接続し、処理ができるようにシステムを構築しました。これにより、社内に戻る手間が省け、今まで以上に多くのお客様先に回ることができるようになりました。ところが、最近になり保険の契約をしていただいた数名のお客様から「保険の契約をしてから、勧誘の電話が急増した。ほかに心当たりがないので、X社から情報が漏洩していないか。」と、クレームの電話が入りました。

情報システム部員を中心に緊急対応チームを結成し、社内調査を実施しました。その結果、漏洩しているのは「保険者契約リスト」のデータであり、通常では考えられない深夜に社外からそのデータに接続されているログがあることが判明しました。利用者のユーザーIDは、第二営業部のAさんのものでした。Aさんに確認したところ、そんな時間に接続した覚えはないと答えました。ただ、1週間前に情報システム部と名乗る人からAさんに次のような電話がかかってきたということでした。

　B　「情報システム部のBですが、Webシステムのメンテナンスで、ユーザーIDとパスワードを再登録しています。確認させてもらえますか？」

　A　「わかりました。ユーザーIDは『A-003』でパスワードは『XXXXX』です。」

実際には情報システム部にBという担当者はおらず、部外者による「なりすまし」でした。さらに「保険者リスト」以外にもさまざまな社内の秘密情報が盗まれて、漏洩していることが判明しました。

この事例の要因として、不用意に他人にユーザーIDとパスワードを教えてしまったことがあげられます。

解説

■ソーシャルエンジニアリング

「ソーシャルエンジニアリング」とは、巧みな話術、盗み見、盗み聞き、などの方法を駆使して、不正アクセスのための情報を収集することです。
そのほかにも、今までの事例で紹介したようなゴミ箱をあさり、重要な情報を盗み出すこともソーシャルエンジニアリングの手法のひとつになります。

● なりすまし
上司、情報部門の人間、顧客などになりすまして、不正アクセスのための情報を入手することです。

● のぞき見
パスワードを入力している時にキーボードを見たり、肩越しにパソコンのディスプレイを見たり（ショルダーハッキング）、席をはずしている人の机上にあるメモやノートを見たりすることです。

● トラッシング
部内者や部外者を問わず、ゴミ箱から顧客情報、人事情報、商品開発情報などの情報を収集することです。

● 侵入
拾得したIDカードを利用するなど、事務所内に入ってきて情報を盗み出すことです。

チェック

- □ ユーザーIDやパスワードはどんな状況でも他人には教えないようにしましょう。
- □ 代行処理などでやむを得ず教えなければならない場合は、処理後、即座にパスワードを変更するようにしましょう。
- □ ユーザーIDやパスワードが漏洩したと思われる場合は、速やかに管理者に連絡しましょう。

事例22　トラッシングによる情報漏洩

衣類メーカーX社の就業時間は18:00までであり、18:00～18:30の間で事務所清掃を外部の清掃会社に委託していました。ある日、いつもどおり複数の清掃員が作業をしていましたが、ひとりの清掃員がデザイン部付近のゴミ箱を回収したり何回も掃除機をかけたりしていました。

デザイン部の人たちもゴミがたくさん落ちているのだろうと特に気にも留めていませんでした。

1ヶ月程経って、冬服のニューモデル発表の時期がきました。X社が自信を持って発表したニューモデルは、競合他社である衣類メーカー最大手のY社のものに酷似していました。

X社で内部調査をしましたが、Y社の製品を模倣した事実も、社員が情報を漏洩した事実も認められませんでした。

結局、清掃員が情報を盗み出したことが判明しました。

売上商戦では、大手Y社の製品が高い評価を得て売上を伸ばしましたが、X社は、Y社の製品の真似をしたとの風評が広がり、売上減少のみならず企業イメージのダウンにつながってしまいました。

この事例の要因として、重要書類の管理方法と清掃員の不審な動きを見落としたことがあげられます。

解説

■ソーシャルエンジニアリングの対策

- **なりすまし対策**
  ユーザーIDやパスワードは他人に教えてはいけません。やむを得ず教えてしまったときは、パスワードを変更します。

- **のぞき見対策**
  重要なデータの入力または表示時には、たとえ事務所内といえども周りに注意します。また、離席時にのぞき見されないように、重要な書類などは机に置いたままにしないようにします。パスワード付きのスクリーンセーバーを設定したり、パソコンからログオフしたりすることも必要です。

- **トラッシング対策**
  不要になった重要な書類はゴミ箱には捨てず、シュレッダーにかけて破棄します。

- **侵入対策**
  IDカードなどで入退室の管理をします。また、事務所内で見かけたことのない人がいたときは、「どうされました？」「なにかお探しですか？」などと声をかけるようにします。

チェック

☐ 重要書類の取扱いに注意しましょう。
- 使用中でもあまり人目につくようなところには置かない。
- 席を外すときには引き出しにしまう。
- 破棄するときはシュレッダーにかける。

☐ のぞき見に注意しましょう。
- 組織内外を問わず、自分の背後に人の気配があるときは振り返り声をかける。
- 部外者と思われる人が事務所内を歩いていたら声をかける。

事例23　日常会話における情報漏洩

ゲームソフトメーカーX社の商品企画部に勤務するAさんは、翌年に発売が予定されている新作ゲームの企画業務に携わっていました。

ある日、Aさんのもとに同窓会のお知らせが届きました。Aさんは気晴らしにと同窓会に出かけることにしました。
同窓会ではお酒もすすみ、Aさんは久しぶりに再会した友人たちと、今携わっている仕事の話をしました。その時Aさんは、何気なく新作ゲームのアイデアを友人たちに教えてしまいました。

開発も順調に進んでいたある日、Aさんはゲーム雑誌を見て愕然としました。X社が開発していたものとよく似たアイデアのゲームソフトが、Y社から発売された記事が掲載されていたのです。
結局、友人のひとりがゲームの情報を漏洩していたことが判明しました。
その後、X社のゲームソフトは予定通り発売されましたが、Y社のゲームソフトの二番煎じと見られてしまい、話題性も乏しく目標の売上に達しませんでした。

この事例の要因として、友人とはいえ気軽に企業の秘密情報を教えてしまったことがあげられます。

解説

■ 日常生活の中での情報漏洩

日常生活の中で無意識のうちに会話やメールなどから情報を漏洩してしまうことも少なくありません。次のようなことは、情報漏洩につながる危険性があります。

- エレベータ内での業務会話
- 電車内での業務会話
- 飲食店での業務会話
- 携帯電話による業務会話
- 部外者とのメール
- メールの添付ファイル（重要な情報）など

以上のことを踏まえ、社内外での行動に注意するように心掛けましょう。

チェック

☐ 情報の重要度を考慮して、取扱いに注意しましょう。
☐ 日常生活において、業務会話をする時は注意しましょう。

確認問題

次の文章の正誤を〇×で答えてください。

☐ 1. ウイルス感染を防ぐためには、ウイルス対策ソフトをインストールするだけでよい。

☐ 2. ウイルス対策ソフトが導入されていれば、OSなどのセキュリティホールに修正プログラムを適用する必要がない。

☐ 3. Webページ閲覧時はウイルスに感染する心配はない。

☐ 4. 不審なファイルが添付されたメールが届いたため、添付ファイルを開き内容を確認した。

☐ 5. メールを送信する際は、必ず宛先と内容を見直すようにする。

☐ 6. 解読されにくいパスワードを作成し、忘れないようにメモに書き留めてディスプレイに貼った。

☐ 7. パソコンが不要になったので、そのまま廃棄した。

☐ 8. 経費削減のため、あらゆる書類を裏紙で使用することが勧められている。

☐ 9. ソフトウェアにも著作権が存在する。

☐ 10. 事務所内に見かけない人がいても、お客様か取引先の担当者の可能性があるので、特に気にする必要はない。

第3章 よくあるセキュリティトラブル

3-1	特定の組織や個人を狙う標的型攻撃メール	59
3-2	巧妙化するフィッシングメール	62
3-3	偽口座へ送金させるビジネスメール詐欺	65
3-4	SNSや投稿サイトをめぐるトラブル	67
3-5	偽警告によるトラブル	69
3-6	ファイルを人質にとるランサムウェア	71
3-7	スマートデバイスに広がる脅威	73
3-8	IoT機器の脆弱性による脅威	75
3-9	個人のパソコンの業務利用による情報漏洩	77
3-10	内部者による情報漏洩	79
確認問題		81

3-1 特定の組織や個人を狙う標的型攻撃メール

事例1 標的型攻撃メールによる情報漏洩

ある日、X社に勤務するAさんのもとに、PDF形式のファイルが添付されたメールが届きました。送信元のメールアドレスは誰でも取得できる「フリーメール」でしたが、メール件名や添付のファイル名は業務と関わりの深い内容だったので、疑問を持たずに添付ファイルを開きました。

その後、警察からX社に「X社の個人情報が外部に流出している可能性がある」と連絡がありました。調査によると、Aさんが受信したメールは標的型攻撃メールで、添付ファイルにはウイルスが仕込まれていました。添付ファイルを開いた結果、Aさんのパソコンが外部から不正に操作され、パソコン内に保存されていた100万件以上のお客様の個人情報が盗まれてしまったのです。

さらに、Aさんは個人情報を含むファイルにパスワードを設定する社内ルールを守っておらず、悪用された可能性が高いことも判明しました。その結果、X社はお客様への釈明や問い合わせへの対応で業務が一時的に停止してしまう事態となりました。

この事例の要因として、フリーメールを不審に思わなかったことと、個人情報を含むファイルにパスワードを設定していなかったことがあげられます。

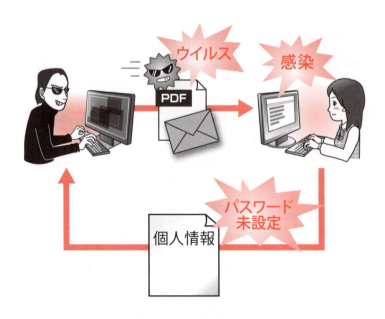

解説

■ 標的型攻撃メールによる情報漏洩

「標的型攻撃メール」とは、特定の組織や個人を狙って送りつけられる悪意あるメールのことです。

攻撃者は、標的とする組織や個人について綿密に調査した上で、通常の業務の依頼であるかのように見せかけたメールを送り、受信者をだまします。

メールには、ウイルスが仕込まれたファイルが添付されていたり、メールの本文に書かれたURLをクリックすることでウイルスに感染させたりするという仕掛けが施されています。

最近では、受信者の知り合いなどの人物になりすましてメールを送付するケースや、数回のメールのやり取りを行い受信者が疑っていないことを確認してからウイルスメールを送りつけるなどの手口もあるため、被害が拡大しています。

攻撃者の目的は単にウイルスを送りつけることではありません。攻撃対象の組織のネットワークに侵入し、情報を盗み出すことを目的としています。

■ 標的型攻撃メールの特徴

標的型攻撃メールの特徴は、次のとおりです。

- 攻撃者は標的とする組織や個人について綿密に調査した上で攻撃をしかける。
- 実在する人物になりすまして送信する。
- メールのタイトルや本文、添付ファイルの名称なども、受信者に関連する内容になっている。
- 添付ファイルは、EXEなどの実行形式ファイルではなく、業務でよく使われるWord、Excel、PDFなどの文書ファイルであることが多い。
- フリーメールで送られてくることが多い。
- ウイルス対策ソフトでは検知されにくい。
- パソコンがウイルスに感染しても目に見える症状が出ない。
- 毎回内容を変えてメールを送りつけ、長期間にわたり標的とされることが多い。

■ 標的型攻撃メールの対策例

標的型攻撃メールの手口は非常に巧妙なので、部門での情報セキュリティ教育など、情報リテラシーを高める取り組みが必要です。
例えば、次のような対策を行うことを徹底します。
- フリーメールで送られてきたメールは、慎重にチェックする。
- ファイルを管理するエクスプローラーを使い、添付ファイルのアイコンや種類が偽装されていないか、圧縮ファイルの中身が実行ファイルではないかを確認する。

など

そのうえで、少しでも不審に思うことがあれば、組織のセキュリティ管理者に問い合わせるなどし、組織全体で情報を共有します。情報共有を進めることで感染するリスクを減らすことができます。

■ ルール遵守の重要性

標的型攻撃メールは非常に巧妙な手口を使用しているため、完全に対策を行うことは困難です。基本的なウイルス対策や迷惑メールの対策、組織内のセキュリティ教育の徹底などのほかに、万が一感染した場合に備えて、重要なファイルは暗号化しておくなどの、感染後の被害を最小限に食い止めるための取り組みも重要になります。
組織で対策を決め、決められた対策を継続的に遵守することが何より大切です。

チェック
- ☐ 普段から情報リテラシーを高める取り組みを行いましょう。
- ☐ 少しでも不審なことがあれば、セキュリティ管理者に問い合わせましょう。
- ☐ 組織で決められたルールを確実に守るなど、適切な対応を徹底しましょう。

用語

情報リテラシー
パソコンなどの情報機器を利用して、情報を適切に活用するための能力のことです。

3-2 巧妙化するフィッシングメール

事例2　フィッシングメールによる情報漏洩

　ある日の朝、Aさんのもとに、Aさんが所有するクレジットカードの会社からメールが届きました。クレジットカードの登録情報を確認する内容のメールです。メールはHTMLメールになっており、メール本文に入力欄が埋め込まれていました。Aさんは「面倒くさいな」とは思ったものの、うっかり入力して送信してしまいました。

　翌日、メールを確認していたAさんは、「abc cardを装ったフィッシング詐欺にご注意ください」というタイトルのメールに気付き、大慌てです。しかも、メールは昨日の午前中に届いており、すでに24時間経っています。

　すぐにクレジットカード会社に連絡をしましたが、時すでに遅し。Aさんのクレジットカードが第三者によって不正利用されたことがわかりました。幸い少額ではあったものの、Aさんは自分の不注意を深く反省させられることになりました。

　この事例の要因として、不審なメールに対して確認を行わずに、個人情報を入力してしまったことがあげられます。

```
タイトル：abc card より大切なお知らせです

登録情報の確認です。                      重要
必要事項を記入し、送信してください。

当社のシステム改変にあたり、クレジットカードの内容に
変更が生じていないかどうかを確認しますので、
大変お手数ですが、必要事項を記入して送信してください。

クレジットカード番号：_____
クレジットカードの有効期限：[1]月[1]年
暗証番号：_____
カード上の名前：_____
郵便番号：_____
住所：_____
電話番号：_____
メールアドレス：_____

        [送信]
```

解説

■ フィッシングメール

「フィッシングメール」とは、実在する金融機関などからの正規のメールを装い、個人情報を盗むなどの目的で送りつけられるメールのことです。エサをばらまいてメール受信者を釣ろうとするイメージから、釣りを意味するfishingが語源となっています。

フィッシングメールには、もっともらしい内容で受信者の注意を引き、メール本文に書かれた偽サイトに誘導する手口のほか、HTMLメールを利用してメール上でIDやパスワードを入力させる手口、添付ファイルを開いてIDやパスワードの入力を促す手口などがあり、さまざまな手口で受信者を陥れようとしています。

■ 認証情報を利用した不正行為

攻撃者は盗んだ認証情報を利用して、次のような不正行為を行います。
- 銀行口座からの不正出金
- クレジットカード情報の不正利用
- インターネットオークションでのなりすましによる詐欺行為
- 個人情報の売買
- 偽造カードの発行

など

■ 認証情報を狙う怪しいメール

フィッシングメールのことを知っている人でも、いざフィッシングメールが送信されてくると、あまりの巧妙さにうっかりとメールのリンクをクリックしたり個人情報を入力したりしてしまうようです。

例えば、通信販売業者を装い「注文内容ご確認」というメールを送信、受信したユーザーは商品を購入していないため、あわててメールのリンクをクリックして、偽サイトに誘導されてしまうというようなものがあります。

被害者は、銀行の残高やクレジットカードの請求額を見て初めて被害に気付くことが多く、事件の発覚が遅れやすいのもフィッシングメールの特徴です。

● むやみに個人情報を提供しない

フィッシングメールが送られてくることを防ぐ有力な方法のひとつは、むやみに個人情報を提供しないことです。

懸賞やメルマガなど、メールアドレスの入力を促すWebサイトは多く存在しますが、安易に登録していると、それだけ悪意のある者の目に触れる可能性が高まります。

また、ブログや掲示板などに自分のメールアドレスを記載することも控えましょう。

● もし怪しいメールが届いたら

疑わしいメールを受信した場合は、無視をするか、本来のメールの送信元となる正式な組織が発信している情報を調べ、真偽を確認するのが有効な手段です。

フィッシングメールである可能性を考え、メール本文に書かれている問い合わせ先やリンクなどは使わないようにします。

チェック

- ☐ むやみに個人情報を提供しないようにしましょう。
- ☐ 疑わしいメールは無視するか、真偽を確かめましょう。
- ☐ 問い合わせる際には、自分で問い合わせ先を調べましょう。

3-3　偽口座へ送金させるビジネスメール詐欺

事例3　ビジネスメール詐欺による被害

食品を扱うX社は、海外のY社から、穀物を定期的に輸入しています。X社経理部のAさんは毎月、Y社から送られてくる請求書に対して支払い処理を担当していました。

あるとき、Y社の担当者Bさんから、Aさん宛てにメールが届きました。そこには、「振込先口座が変更になりました。」と書かれていました。

Aさんが了承した旨を返信すると、当月分の請求書が送られてきたので、Aさんはすぐに支払い処理をしました。

その後、Aさんのもとへ「支払予定日が延期されるとの連絡をいただきましたが、いつになりますか？」とBさんから確認の電話がかかってきました。

Aさんは慌てて「支払いは既に完了しています。Bさんから依頼のあった新しい口座に間違いなく振り込みました。」と伝えましたが、Bさんからは「口座変更の依頼はしていません。」といわれてしまいました。

この事例の要因として、振込先口座変更のような要求に対し、メール以外の手段で確認しなかったなど、チェック体制が不十分だったことがあげられます。

解説

■ビジネスメール詐欺

「ビジネスメール詐欺」とは、巧妙な偽メールを使って企業の担当者を騙し、攻撃者の用意した口座へ送金させる詐欺の手法です。

ビジネスメール詐欺により、国内企業や海外関連企業、その取引先などが狙われ、金銭被害が発生しています。

■ビジネスメール詐欺の例

ビジネスメール詐欺の例には、次のようなものがあります。
- 取引先に偽の請求書を送る。
- 経営者になりすまし、偽の振込先に振り込ませる。
- 社長から指示を受けた弁護士などになりすまし、振込を行わせる。
- 乗っ取ったメールアカウントで詐欺を行う。
- 将来の詐欺の準備のため、社内の情報を盗聴する。

■ビジネスメール詐欺の対策

ビジネスメール詐欺の被害にあわないようにするためには、ビジネスメール詐欺の手法について正しく理解しておくことが重要です。
次のような対策を徹底するようにしましょう。
- 必要に応じて、取引先とメール以外の方法（電話やFAXなど）で確認する。
- 普段のメールと異なる言い回しや表現に注意する。
- 重要情報をメールで送受信する際には、電子署名を利用する。
- 不審なメールを受け取った場合などは、組織内で情報を共有する（情報管理者に届け出る）。
- OSやアプリケーション、ウイルス対策ソフトを常に最新の状態にする。

チェック

- ☐ ビジネスメール詐欺の手法を理解し、不審なメールを受け取った場合などは、組織内で情報を共有しましょう。
- ☐ 振込先口座変更など通常とは異なる対応を取引先から求められたときは、メール以外の方法でも確認しましょう。

3-4 SNSや投稿サイトをめぐるトラブル

事例4　SNSをめぐるトラブル

Twitter歴1年のAさんは、毎日さまざまな話題をつぶやいています。フォロワー数も1,000人を超えており、何かつぶやくと、すぐに誰かしら反応してくれるので楽しくて仕方ありません。

ある日、X会社が発表した新製品をネタに、Aさんはこんなことをつぶやきました。「あんなの、うちの会社のパクリ製品だよ。機密情報を不正に入手したとしか思えないね。」

すると、この発言にフォロワーのBさんが激しく反論。ほかのフォロワーも続々とAさんを批判し出しました。実は、BさんはX会社の製品開発担当者だったのです。

焦ったAさんの謝罪で事態は終息するかに見えましたが、数日後、Aさんの会社の広報宛に1通のメールが届きました。それは、事実無根の投稿により名誉を著しく棄損されたとしてAさんを名指しで批判し、対応次第では法的措置も辞さないという内容です。

どうやら腹の虫がおさまらないBさんが、AさんのTwitterのアカウント名やプロフィールをもとにFacebook上で実名を割り出し、公開されていた勤務先から個人を特定したようです。Aさんの不用意な発言が会社を巻き込む事態に発展してしまいました。

この事例の要因として、不特定多数に公開されるSNSで不適切な書き込みをしたことがあげられます。

解説

■SNSをめぐるトラブル

「SNS」とは、ソーシャルネットワーキングサービスの略で、ユーザー登録を行った利用者同士が交流することを目的としたコミュニティ型サイトのことです。代表的なものに、Twitter（ツイッター）やFacebook（フェイスブック）、Instagram（インスタグラム）などがあります。いずれも誰もが気軽に情報発信できるツールとして人気で、利用者は年々増加の一途をたどっています。

しかし、その一方で、SNSをめぐる事件も後を絶ちません。SNSは情報が拡散しやすい点がメリットでもありデメリットでもあります。いったん拡散し出した情報を発信元でコントロールすることは不可能です。例えば、思慮に欠けた不適切な書き込みが批判を買い、思わぬトラブルや炎上につながるケースは少なくありません。

■不用意な発言の代償

匿名だからいいだろうと安易な書き込みを続けていると、複数の投稿内容やアカウント名などの組み合わせから、芋づる式に個人情報を暴かれ、簡単に個人が特定されてしまいます。

特に、組織に属する人が個人の意見を書き込んだとしても、組織の発言とみなされてしまうこともあるため十分に注意が必要です。

■SNSにおけるリスク

SNSにおけるリスクには、次のようなものがあります。
- 不適切な書き込みに対する個人攻撃
- GPS機能による位置情報の特定
- 公開範囲などの設定ミスによる情報漏洩
- アカウントの不正利用
- 投稿欄を利用したウイルス配布や詐欺行為

など

> **チェック**
> ☐ リスクを念頭に置き、慎重に利用しましょう。
> ☐ もし不適切な発言をしてしまったら、速やかに不適切な発言をした旨を説明し、謝罪しましょう。

3-5 偽警告によるトラブル

事例5 偽警告による被害

X社に勤務するAさんは、パソコンの知識に自信を持っています。そんなAさんは、「仮にウイルスに感染しても、自分ならば状況を判断して対処ができるだろう。」と思って、会社で決められたルールを守らずにウイルス対策ソフトの更新は気が向いたときにしか行っていませんでした。

ある日、Aさんがパソコンで作業をしていると、突然「コンピュータがウイルスに感染しています。」というメッセージが表示されました。

しばらくすると、画面上に「深刻な被害を受けています。このウイルスを駆除するために、ウイルス対策ソフトを購入してください。」というメッセージが表示されました。

困ってしまったAさんは、会社にばれると大変なことになると思い、慌てて自分のクレジットカードでこのウイルス対策ソフトを購入してしまったのです。

実は、このメッセージは個人情報を詐取するための偽の警告だったのです。

この事例の要因として、ウイルス対策ソフトを常に最新状態に更新していなかったことと、セキュリティ管理者に相談せずに個人で判断してしまったことがあげられます。

解説

● 偽警告

「偽警告」とは、Webページを閲覧中に不安をあおる警告メッセージなどを表示し、警告の指示に従わせて、個人情報を詐取したり、言葉巧みにサポート契約を結ばせたりするような手口です。
偽警告には、次のような例があります。
- 「ウイルスに感染しています」などの警告メッセージが突然表示される。
- メッセージウインドウの「閉じる」ボタンを押してもウインドウが終了しない。
- 有料ソフトを購入させる画面が表示され、クレジットカード番号の入力を促す。
- 偽のサポートセンターの電話番号を表示し、契約するように誘導する。

● 偽警告の対応

偽警告は、ブラウザの機能を巧みに利用して表示させています。
パソコンやスマートフォンを再起動したり、タスクマネージャーを起動してブラウザを終了したりすることで警告を非表示にすることができます。
万が一、クレジットカードを利用して有料ソフトの購入やサポート契約を締結してしまった場合は、消費生活センターやクレジットカード会社に相談しましょう。

チェック

☐ 突然表示された警告メッセージなどに従い、有料ソフトの購入やサポート契約を締結しないようにしましょう。
☐ パソコンやスマートフォンを再起動するなどして落ち着いて対応しましょう。

3-6 ファイルを人質にとるランサムウェア

事例6 ランサムウェアによる被害

Aさんは、日頃からネットショッピングを利用していました。ある日、Aさんのもとに、「あなたに、新しい請求書が届きました」という件名のメールが届きました。ネットショッピングで購入した商品についてのメールだろうと思ったAさんは、メールに添付されているファイルを開いてしまいました。

添付されていたファイルはAさんに全く関係のない内容だったので、不審に思いましたが、使用中のパソコンに特に異常はなかったので、メールの誤送信だろうと気にとめませんでした。

翌日、パソコンを起動すると、「あなたのパソコンをロックし、ファイルを暗号化しました。もとに戻すには3万円振り込んでください。」とメッセージが表示されました。ファイルを実際に開こうとすると、開けませんでした。

Aさんが調査した結果、ほかにも開けないファイルが多数存在しました。困ったAさんは3万円を振り込んでしまいました。

しかし、暗号化されたファイルが二度と開くことはありませんでした。

この事例の要因として、不審なメールに対して確認を行わずに、添付ファイルを開いてしまったことがあげられます。

解説

●ランサムウェア

「ランサムウェア」とは、パソコンに保存されているファイルを暗号化し、開けない状態にしてしまう不正プログラムのことです。ファイルを暗号化したあと、暗号化したファイルを復元する為の金銭を要求するメッセージが表示されます。しかし、金銭を支払っても、復元できる保証はありません。
このようにウイルスが身代金を要求している様子から「身代金要求型ウイルス」とも呼ばれています。
ランサムウェアはパソコンだけに限らず、スマートフォンでも被害が広がりつつありますので、しっかりとセキュリティ対策をする必要があります。

●ランサムウェアのセキュリティ対策

ランサムウェアはメールやWebサイトからの感染が主な経路です。
ランサムウェアに感染し、暗号化されてしまったファイルの復元は困難な為、次のようなセキュリティ対策を行い、ランサムウェアに感染しないようにすることが重要です。

- ウイルス対策ソフトを導入する。
- ウイルス対策ソフトは最新の状態にアップデートする。
- メールの添付ファイルのウイルス検出とスパム対策を行う。
- 定期的にファイルのバックアップを取る。

など

> **チェック**
> ☐ 不審なメールの添付ファイルは開かないようにしましょう。
> ☐ 少しでも不審なことがあれば、セキュリティ管理者に問い合わせましょう。

3-7 スマートデバイスに広がる脅威

事例7　不正なアプリによるトラブル

　Aさんは、スマートフォン向けアプリが配布されている公式マーケットで、5万回以上もダウンロードされ、高評価でレビュー数も多い人気の壁紙アプリを見つけました。
　「これなら安心だ」と確信したAさんは、すぐにインストールしました。
　しかし、アプリをインストールした直後から、登録した覚えのない出会い系サイトやアダルトサイトから頻繁に迷惑メールが届くようになったのです。
　後日、Aさんがインストールしたアプリは、個人情報の収集を目的とした不正アプリであることが判明。このアプリの利用者から500万件もの個人情報が流出したこともわかりました。この不正アプリを起動したことで、スマートフォンに保存されているメールアドレスが外部のサーバーに送信されてしまったことが原因と考えられます。
　Aさんは、インストール時に個人情報へのアクセス許可を求められたことを思い出しました。壁紙アプリには必要のない情報であり、明らかに不自然です。Aさんはこの時点でインストールを中止すべきでした。

　この事例の要因として、不自然な点があったにも関わらず、アプリのインストールを中止しなかったことがあげられます。

解説

■スマートデバイス

「スマートデバイス」とは、スマートフォンやタブレット端末などの多機能な携帯型情報端末のことです。昨今のスマートデバイスの急激な普及にともない、こうしたパソコン以外の情報端末でもセキュリティ被害が発生しており、その件数は利用者の増加とともに年々増える傾向にあります。

スマートデバイスはいつでもどこでも気軽に利用でき、パソコンではないという認識から、利用者もつい油断してしまいがちですが、スマートデバイスにもウイルス対策が欠かせない時代になってきたといえます。

■不正アプリによる情報漏洩

スマートデバイスの使用時に特に注意したいのが、不正アプリによるセキュリティ被害です。便利に見せかけたアプリをインストールさせ、利用者の知らない間に電話帳に登録されている名前や電話番号、メールアドレスなどの個人情報を盗んだり、利用料金の請求画面を出し続けたりする手口です。

個人情報が盗まれてしまうと、スパムメールや詐欺メール、迷惑電話、プライバシー侵害などの被害に遭う可能性が高まります。また、スマートデバイスを仕事で利用している場合は、機密情報や取引先の情報まで流出してしまうことにもなりかねません。

■不正アプリの注意点

不正アプリの動作には、次のような特徴があります。

- インストール時に、アプリの機能とは関係のない権限の利用許可を求める。
- 権限確認画面の背景色や文字の色が、アプリが配布されている公式マーケットのものと異なる。
- インストールするとアプリの配布場所で提示されていた名称とは別の名称が表示される。

上記のような現象があったら、インストール中でも、すぐにキャンセルしましょう。

チェック

- ☐ スマートデバイスでも油断せず、セキュリティが重要なことを常に意識しましょう。
- ☐ 不正アプリと思われるような兆候が見られるアプリはインストールしないようにしましょう。
- ☐ 不正アプリかどうかわからない場合は、アプリ名で検索して調べましょう。

3-8 IoT機器の脆弱性による脅威

事例8　IoT機器の脆弱性

飲食店チェーンを運営するX社の総務部に勤めるAさんは、新しい複合機を購入しました。
新しい複合機はインターネットに接続し、電話回線の代わりにインターネット回線を利用してFAXを送受信できるため、本部と店舗間の通信費を削減できると考えています。
複合機が届いたので取扱説明書を確認したAさんは、自分で初期設定ができそうだと判断しました。
翌日Aさんは、複合機の初期設定を行いました。途中、取扱説明書には「パスワードの初期値を変更してください」との記載がありましたが、一度設定したあとは、ほとんど複合機の設定をすることもないと思い、パスワードは初期値のまま変更しませんでした。
数週間後、「X社のチェーン店で会員登録しているお客様の個人情報が漏洩し、インターネット上で閲覧できる状態になっている。」という連絡が入りました。
この事実はニュースサイトなどに掲載されたため、多くの人が目にすることとなり、お客様から電話やメールなどでクレームが次々と入ってきてしまいました。

調査したところ、先日Aさんが設定した複合機を使ってスキャンしたデータが漏洩していることがわかりました。
原因は、複合機のリモート管理画面を、悪意のある外部の攻撃者に操作されてしまったことでした。

X社は事実関係を調査したあと、個人情報漏洩の謝罪の記者会見を行いました。また、個人情報を漏洩させてしまったお客様にはお詫び金を渡すことになりました。X社の信用は大きく落ち込み、X社の運営する飲食店チェーンは、来客が大きく減少してしまいました。

この事例の要因として、ネットワークに接続されている複合機のパスワードを初期値のままにしていたことがあげられます。

IoT機器の脆弱性

「IoT」とは、Internet of Thingsの略で「モノのインターネット」と訳します。現在、家電やオフィス用の機器、自動車や医療機器、オモチャに至るまで、さまざまなものがインターネットに接続され、データのやりとりをしています。これらの機器は「IoT機器」と呼ばれます。

IoT機器は、多くの場合、初期設定でインターネットの接続を設定すると、その後は自動的にインターネットに接続されるようになります。また、機器の電源を切断するまでインターネットに接続し続けることになります。この状況は、悪意のある者がIoT機器を乗っ取りやすい状態といえます。

実際に、何万・何十万というIoT機器（監視カメラやデジタルビデオレコーダー、ルーターなど）をウイルス感染させて乗っ取り、それらを踏み台にして、一斉に企業のサーバーを攻撃し、サーバーをダウンさせる事例などもあります。

利用者の生命にかかわる脆弱性

公道を走る自動車や病院の医療機器などは、悪意のある者に乗っ取られると、最悪の場合、命を落とす事故につながる危険性があります。
実際に乗っ取りが可能な次のような脆弱性が報告されたことがあります。
● 自動車の車両識別番号さえわかれば、その自動車を遠隔操作できる脆弱性
● 糖尿病患者が利用するインスリンポンプを遠隔操作できる脆弱性

チェック

☐ IoT機器を利用するにあたって取扱説明書をきちんと読み、必要な設定を行い、指示通りに利用しましょう。
☐ 不要な機能はオフに設定しましょう。
☐ 初期パスワードは必ず変更しましょう。
☐ 最新の更新プログラムを必ず適用しましょう。また、自動更新が可能であれば設定しましょう。

3-9 個人のパソコンの業務利用による情報漏洩

事例9 個人のパソコンの業務利用

システム開発会社X社の営業のAさんは、取引先の情報システム部長との会食の席で、「経理システムをリニューアルする計画があり、Aさんからの提案書が欲しい。」と相談を受けました。

会食後、すぐに自宅に戻ったAさんは、自宅のノートパソコンで提案書を作り始めました。明日にも提案書を提出したいAさんは、明日会社で作業するだけでは間に合わないと考え、今夜中に提案書をある程度作ってしまおうと考えたのです。

翌日、Aさんは早朝出勤して提案書の続きを作り始めました。

同僚のBさんが出勤すると、Aさんを見て驚きました。

Aさんは自宅のノートパソコンを会社に持ち込んでいたのです。

「Aさん、個人のパソコンの持ち込みは禁止ですよ。」

Bさんは、Aさんに、そういいましたが、Aさんは「急きょ、今日提出しないといけない案件なんだよ。堅いこというなよ。」と、気にも留めず、完成した提案書のデータをファイルサーバーに保存しました。

提案書を仕上げたAさんが印刷の操作をしたところ、プリンタとの接続がエラーとなってしまいました。不審に思ったAさんが周りを見渡すと、ほかの同僚もネットワークやプリンタにエラーが出ているようです。Bさんがすぐにネットワーク管理者に連絡し、Aさんの部署に来てもらいました。

ネットワーク管理者に調べてもらったところ、ファイルサーバー内に新種のウイルスに感染したファイルが保存されており、そのファイルが原因であることがわかりました。

そのファイルとは、Aさんが作成していた提案書のファイルでした。詳細な調査の結果、Aさんの持ち込んだパソコンがウイルスに感染していたことがわかりました。
さらに、そのウイルスは、感染したあと、サーバー内にあるメールアドレスなどの個人情報を社外に情報漏洩させてしまうウイルスだったのです。
気が付いた時には、すでに顧客企業の社員数千人分の個人情報が流出したあとでした。
この件で、X社は個人情報を流出させてしまった顧客企業に謝罪することとなり、信用を大きく失ってしまいました。

この事例の要因として、会社の規則を破り、自宅のノートパソコンを会社のネットワークに接続したことがあげられます。

解説

■業務で使用するパソコン

多くの組織で、個人のパソコンの業務利用を禁じています。
使い慣れた自分のパソコンのほうが作業しやすいのに…と思うかもしれませんが、業務では組織のパソコンを利用するのが基本です。
事例のように、自宅のパソコンを組織に持ち込み、組織のネットワーク全体が脅威にさらされるかもしれません。
あなたの組織が、個人パソコンの業務利用を禁止している場合、組織のルールに従うようにしましょう。

■組織のルールを確認

組織によっては、個人のパソコンやスマートフォンを利用することを許可している場合もあります。
その場合は、組織が規定するルールを確認し、セキュリティなどの決められた手続きを徹底します。
そのうえで、ルールの範囲内で利用するようにしましょう。

チェック

☐ 組織で個人のパソコンの業務利用が禁止されている場合は、そのルールに従いましょう。
☐ 組織のルールで個人のパソコンの業務利用が認められている場合は、セキュリティなどの手続きを実施し、認められた範囲で利用しましょう。

3-10　内部者による情報漏洩

事例10　内部者の操作によるトラブル

X社は、顧客情報が漏洩しているのではないかという外部からの通報を受けて調査した結果、18万件もの顧客情報がインターネット上で閲覧可能な状態になっていたことを確認しました。

原因は、従業員Aさんが自宅で仕事をする為に、アクセス権の変更を行ったためだと特定しました。

その後、インターネット上の顧客情報へのアクセスを遮断し、検索エンジン事業者に検索結果からの情報の削除を依頼しました。

また、Aさんが個人で所有する端末などに保存していた個人情報の削除を行い、その端末はX社で保管することとしました。

X社が調査した結果、顧客情報の約12万件は閲覧可能な状態であったものの、アクセスはありませんでした。

X社はその後、顧客への謝罪文の自社サイトへの掲載や、顧客へのログインパスワード変更の案内等の対応に追われました。

この事例の要因として、インターネット上に保存されている情報へのアクセス権を不用意に変更したことがあげられます。

解説

■内部者による情報漏洩のリスク

情報漏洩は、内部の人間が引き起こす割合が全体の約8割を占めており、外部からの攻撃は約2割といわれています。

その原因には、メール等の誤操作や持ち出しに使用した媒体の紛失等、内部の人間の認識不足や不注意があります。

また、誤操作、不注意のような人的ミスのほかに、故意や悪意による情報の持ち出しも増えており、その原因はさまざまです。

組織の多くは、外部からのサイバー攻撃に対しては多層的な防御策を講じていますが、内部の不正行為に対しては、効果のある対策を講じていないケースが多く、切迫した課題となっています。

情報漏洩事故を引き起こしてしまうと、経済的損失はもちろん、組織としての信用・イメージをも損ない、その回復には多大な労力と時間を要することになります。

■情報漏洩対策

情報漏洩対策は、単に重要な情報の流出、紛失を防ぐためだけでなく、組織そのものを守るためにも必要となっています。内部関係者による情報漏洩の危険を避けるために、次のような対策が必要とされています。

- 社内教育を行い、セキュリティ意識を高める。
- ノートパソコンやUSBメモリ、スマートデバイスなどの可搬媒体の利用を制限し、持ち込み、持ち出しの履歴を記録する。
- 利用者の操作履歴等のログを定期的に確認する。
- 重要な情報は「ファイル暗号化」を行い、アクセス権限を持つ者を最少にする。

など

チェック

☐ 組織内のルールを策定し、社員や職員に遵守させましょう。
☐ 集合研修やe-Learningなどで定期的なセキュリティ教育を行いましょう。

確認問題

次の文章の正誤を○×で答えてください。

☐ 1. 「標的型攻撃メール」とは、特定の組織や個人を狙って送りつけられる悪意あるメールのことである。

☐ 2. 金融機関から、パスワードの変更についての問い合わせのメールが来たので、メール本文のリンクをクリックしてパスワードの変更を行った。

☐ 3. 取引先から振込先口座を変更するという内容のメールが届いたので、メール以外の方法で確認を取らずに新しい口座に振り込んだ。

☐ 4. SNSで情報を発信する場合、リスクを見込んで十分に注意したほうがよい。

☐ 5. ランサムウェアでパソコンに保存されているファイルを暗号化されたあと、金銭を支払っても、復元できる保証はない。

☐ 6. スマートデバイスはウイルス対策が要らないのが利点である。

第4章 セキュリティ管理者の情報セキュリティ対策

4-1 管理体制の不備による情報漏洩 ……………………………… 83
4-2 外部委託契約の不備による情報漏洩 …………………… 87
4-3 運用規程の不徹底によるトラブル……………………………… 89
4-4 サーバー管理の不備によるトラブル…………………………… 93
4-5 不正アクセスによるトラブル ………………………………… 99
確認問題 ………………………………………………………… 103

4-1 管理体制の不備による情報漏洩

事例1　部外者の侵入による被害

市役所の職員であるAさんはここ最近、書籍や会議資料などがなくなっていることに気付きましたが、どこかに置き忘れたのかと思い、気にしませんでした。ある日、ほかの人たちも会議資料がなくなることがあるということを聞き、盗難などの可能性を疑うようになりました。

数日後、公共団体を専門に狙う泥棒が逮捕され、取り調べをしていくうちにAさんの市役所でも犯行を行ったという連絡が入りました。
市役所は開放された環境なので、職員と市民などの外部の人との見分けがつかないという問題点があります。
幸いにも被害自体は、住民情報が漏洩するような深刻なものではありませんでしたが、大きな被害が出る前に対策を立てる必要があるという結論に達しました。

この事例の要因として、市役所が職員と外部の人との見分けがつかない環境になっていたことがあげられます。

解説

■部外者の侵入対策

情報を盗み出す手口の中には、なにくわぬ顔をして組織内に侵入し、データやノートパソコンを持ち出すというものもあります。このような手口に対しては、社員や職員には名札の着用を義務付け、訪問者には訪問者用の名札を用意するなど、訪問者と一目でわかるようにします。

また、帰宅時にはノートパソコンや書類を引き出しなどにしまうといった対策が必要です。

「これぐらいはやらなくても大丈夫だろう。」や「自分の所は大丈夫だろう。」という考えは時として重大な情報漏洩につながるということを考慮しておくべきです。

また、組織内で挨拶を交わすことで、侵入者に警戒心を与え、被害を防止することができます。

チェック

- ☐ 名札の着用、身分証明書の携帯を徹底しましょう。
- ☐ 顔見知りかどうかに関わらず挨拶するよう徹底しましょう。

事例2　セキュリティ管理体制の不備による被害

OA機器メーカーX社のAさんは、ある朝出勤し、毎朝の日課であるメールのチェックを行うと、お客様から「重要」というタイトルのメールが来ていました。内容を確認すると、本文には何も書かれておらず、「PATCH.EXE」というファイルが添付されていました。
タイトルと差出人から、緊急の用事だろうと判断し、添付ファイルを実行したところ何も起こりません。

不審に思いWebページで情報を収集すると、どうやら添付ファイルがウイルスであるということがわかったので、定義ファイルの更新後、コンピュータ内のウイルスの検索と駆除を行いました。
Aさんは、自分のコンピュータ内からウイルスを駆除できたので、特に報告をせず、業務を続けました。

数日後、社内にウイルスが侵入していたので、ウイルスの検索と駆除を行うようにと情報システム部からの通達がありました。ウイルスの発見や対策が遅れたため、社内の広い範囲にウイルスが蔓延してしまったようです。

このウイルスはAさんが数日前に感染したウイルスと同一のものでした。幸い、社外からのクレームなどはなかったようですが、Aさんが発見した時点でしかるべきところに報告をしておけば、これほどまでに被害が拡大することはなかったはずです。

この事例の要因として、ウイルス感染時の報告体制が整備されていなかったことがあげられます。

解説

■ 組織内の報告体制

トラブルが発生した場合、組織内の誰にどのような内容を報告するかをあらかじめ決めておく必要があります。適切な報告を行うことで二次被害を防ぐことができます。

■ 報告経路の例

事象	報告先
ウイルスの疑い・発見	情報システム部
コンピュータなどの盗難／紛失	所属長経由で情報システム部

組織全体の情報セキュリティを確保するためには、幹部が率先して情報セキュリティ対策を行うことが重要です。そのため、企業においては社長や役員、自治体においては市町村長や助役などを中心として情報セキュリティ対策を推進する必要があります。

チェック

- □ ウイルス感染などのセキュリティ事故が発生した際の報告経路を定めましょう。
- □ 組織全体のセキュリティ管理体制を明確に定めましょう。

4-2 外部委託契約の不備による情報漏洩

事例3　外部委託契約による情報漏洩

家電メーカーのX社は、新規顧客開拓を目的として、自社製品が当たる懸賞を企画し顧客情報の収集を行うことにしました。
Webページでのアンケートから情報収集することになり、システムの設計、運用、管理をY社に発注しました。

この企画は大成功し、X社は新規に25,000人の顧客リストを作成できました。

数日後、X社には、「懸賞に応募してから、X社とは関係のないダイレクトメールが頻繁にくるようになった。」という問い合わせが相次ぎました。
X社で調査をしたところ、システム開発を請け負ったY社では、その顧客リストを利用しているということ、またそのリストを名簿会社に販売したということがわかりました。
X社ではY社に対して損害賠償などを検討しましたが、X社とY社の契約内容に、収集したデータの取扱いなどの項目はなく、結果的にX社の管理体制の甘さだけが浮き彫りになった形になりました。

また、この件が公になったことで、X社の株価の下落や、「個人情報が流出するようなセキュリティ意識の低い会社」と認識されるようになるなど、さまざまな影響が出るようになってしまいました。

この事例の要因として、外部委託会社との契約内容に不備があったことがあげられます。

解説

■ 外部委託契約

情報資産の管理を外部会社に委託する場合は、情報漏洩などのセキュリティ事故が起こらないように契約内容の検討などを行うことが必要です。

契約内容例

- 契約を遂行するにあたり、知り得た情報は外部には漏らさない。
- 外部委託会社を使用する際は報告をし、外部委託会社に対しても契約内容を適用する。
- 委託契約における実行責任者を定め、定期報告を実施する。
- 委託契約終了時に、提供した情報の返却および消去をする。

電子データになっている情報は、持ち出し自体の容易さや、コピーを行っても原本データには何の影響も与えないことから、データの取扱いに対して、より慎重になることが必要です。
ネットワークが発達している現在では、一度流出してしまったデータの完全回収は事実上不可能です。そのことを認識し、データの取扱いには十分に注意する必要があります。

> **チェック**
> ☐ データの取扱いを外部に委託する場合の契約内容は十分に検討しましょう。
> ☐ 組織外の人がデータを利用する場合のルールを決定しましょう。

4-3 運用規程の不徹底によるトラブル

事例4　セキュリティ意識の浸透不足による被害

X市役所では、業務中にネットワークやメールの私的利用を行っている職員があとを絶ちません。

そこで、情報システム部のAさんが中心となり、庁舎内のネットワークの使用方法を定めた「X市職員ネットワーク運用規程」を作成し、今年から運用していました。この運用規程には、ネットワークやメールの使用規程、ウイルス対策方法など、ネットワークを使用するにあたっての約束事や注意点が記載されています。

ところが、運用規程が通達されたあとも、ネットワークやメールの私的利用が減りませんでした。さらに、ウイルス対策を徹底していなかったために庁内にウイルスが侵入し、ネットワークが数日間にわたって使用停止となってしまいました。

この事例の要因として、ネットワーク運用規程が職員に徹底されていなかったことがあげられます。

解説

■セキュリティ意識の浸透

組織のセキュリティレベルを高めるためには、組織全体でセキュリティに対する意識を浸透させる必要があります。

そのためには、運用規程などを作成し、組織全体のセキュリティ対策の方針を示す必要があります。

また、運用規程は作成しただけでは意味がなく、定期的な教育を行うことなどの方法で組織全体に浸透させ、全員が運用規程の内容を遵守して初めて高いレベルのセキュリティが確保できます。

場合によっては、運用規程に違反した際の罰則を盛り込む必要があります。

チェック

- ☐ ネットワーク運用規程を策定した場合、策定するだけではなく社員や職員に遵守させましょう。
- ☐ 組織内で「セキュリティ対策強化月間」を設けるなど、セキュリティ意識を高める努力をしましょう。
- ☐ 集合研修やe-Learningなどで定期的なセキュリティ教育を行いましょう。

事例5　実情に合わない運用規程による被害

電気機器販売のX社では、全社にパソコンを導入し、顧客情報や売上などの情報の管理に利用しています。

顧客情報なども大量に保有しているため、1年前に「X社情報セキュリティ管理運用規程」を作成し運用しています。

運用規程では高いレベルのセキュリティ対策が定められているため、さまざまな手順が複雑になり、迅速に対応しなければならない業務に支障をきたしていました。

ある日、顧客から新商品に関する問い合わせの電話があったのですが、高いレベルのセキュリティが障害となり、調査に30分以上かかってしまいました。

その結果、「X社のサポートは素早い対応をしてくれない。」という内容のクレームが顧客からあがってしまいました。

この事例の要因として、セキュリティレベルが適切でなかったために、実際の運用面に支障をきたしてしまったことがあげられます。

解説

●バランスのとれたセキュリティ対策

組織のセキュリティレベルを高めるために、運用規程などで高いレベルのセキュリティを要求する必要があります。

ただし、単に高いレベルのセキュリティを要求するだけでは運用に支障をきたしてしまう可能性があります。

「高いレベルのセキュリティ」と「使い易さ」は相反するものですが、どちらかに偏ることなく、バランスがとれたセキュリティ対策を行う必要があります。

また、運用規程などは作成・実施して終わりということはありません。運用開始後も監査などを通じて、組織のセキュリティの実情を把握し、定期的に運用規程の見直しを行うことで、適切なレベルのセキュリティ対策を行うことができるようになります。

チェック

- ☐ 運用面を考慮した適切なレベルの運用規程を策定しましょう。
- ☐ 定期的に監査を行うなど、実情に合わせた運用規程にしていきましょう。

4-4 サーバー管理の不備によるトラブル

事例6 サーバーのデータの被害

保険代理店のX社でサーバーの管理を任されているAさんは、サーバーに重要なデータが入っているため、毎晩自動的にバックアップを取るように設定していました。

ある日、サーバーがウイルスに感染し、保存していたデータの一部が削除されていることが判明したので、バックアップデータからデータを復元しました。

ところが、バックアップデータもすでにウイルスに感染していたため、バックアップデータを復元してももとの状態に戻すことができませんでした。
毎日のバックアップの際も、前日のバックアップデータを上書きしてバックアップを取っていたため、前日のデータ分しか残っていませんでした。
その結果、データの作り直しなど、復旧作業に多大な手間がかかってしまいました。

この事例の要因として、きちんとしたバックアップの計画を立てていなく、バックアップデータを上書きして運用していたことがあげられます。

解説

●データのバックアップ

重要なデータを保管しているコンピュータのデータはバックアップを取ることが推奨されます。ただし、バックアップはただ取ればいいものではなく、計画的に取ることが必要です。

例えば、バックアップを取る際には、1週間のバックアップは上書きせずに保存するなどの工夫が必要になります。

7日分のバックアップを保存しておけば、1週間前の状態から復元することが可能です。

バックアップは夜間や週末などのようなデータの変更が最も少ないと思われる時間帯に自動的に行われるように設定することが推奨されます。それにより業務への影響を最小限に抑えることができます。

●バックアップデータの保管

サーバーからバックアップしたデータをサーバーと同一の部屋や建物内に保管した場合、火災や水害などの自然災害からは守れないことがあります。

バックアップしたデータを遠隔地に保管するなどの対処を行うことで、自然災害からデータを守ることができるようになります。

ただし、軽微なトラブルの場合でも遠隔地からバックアップデータを取り寄せることは、復旧に時間を要するので、サーバー室の鍵付きキャビネットなどにも数日分のバックアップデータを保管しておくことが望ましいでしょう。

> **チェック**
> ☐ バックアップを取る際の計画を立てましょう。
> ☐ バックアップデータの保管方法について検討しましょう。

事例7　自然災害による被害

旅行代理店のX社では、お客様からの旅行の申し込みなどを受け付けるシステムが導入されています。

このシステムではリアルタイムの処理が必要なため、夜間にバックアップを取るように設定しています。

ある日、X社のビルの近くに落雷があり、ビル全体が停電してしまいました。
停電はほどなく復旧したのですが、サーバーに電源を入れても起動しなくなってしまいました。
幸いにも、データのバックアップからサーバー自体の復旧は行うことができたのですが、当日分のお客様からの申し込み処理やキャンセル処理を行うことができず、サービスに支障をきたしてしまいました。

この事例の要因として、サーバーの停電対策を行っていなかったことがあげられます。

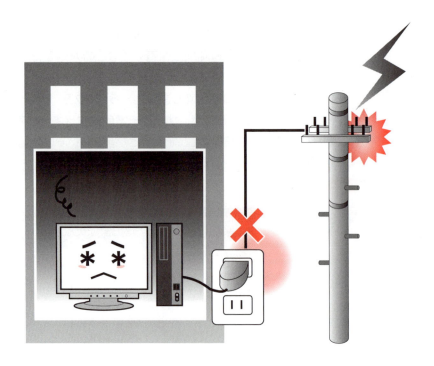

解説

■無停電電源装置

送電線への落雷などにより、瞬時停電や電圧低下などが発生することがあります。瞬時停電や電圧低下が起こると、サーバーの誤作動や異常停止などが発生する可能性があります。
これらの障害を回避する方法としては、無停電電源装置の導入があげられます。「無停電電源装置」とは、バッテリーを内蔵した電源装置のことで、電源障害が発生した際にサーバーに電源を供給します。無停電電源装置は「UPS」ともいわれます。

チェック

☐ サーバーなどの重要な機器には無停電電源装置を導入しましょう。

用語

UPS
無停電電源装置のことで、「Uninterruptible Power Supply」の略です。

事例8　サーバー室のずさんな管理による被害

機械メーカーのX社は、社内のさまざまなデータを管理するためのサーバーを数台保有しており、通用口の脇にある小部屋をサーバー室として使用しています。サーバー室は、サーバーが24時間稼働していることから、高温になることが多く、サーバー管理者が作業しているかどうかにかかわらずドアが開放されていることが多いようです。

ある日、関係会社の社員が訪問した際に、次のような指摘がありました。
- サーバー室の中が丸見えだ。
- 通用口の脇にあるので、簡単に侵入できそうだ。
- 画面が表示されていて、簡単にのぞき見できそうだ。

X社では、この指摘にしたがい情報漏洩などの被害が出る前に対策を施すことができましたが、サーバー室に簡単に入室できるような環境は外部からの侵入はもとより、内部犯行を誘発することもあるので注意が必要です。

この事例の要因として、サーバー室の管理がずさんになっていたことがあげられます。

解説

■サーバー室の管理

サーバー室は、事務所の一番奥に設置するなど、入退室の際に部外者の目につかないような場所が理想です。

許可された者だけが入室できるように施錠を行ったり、誰が入室したかを確認するために入退室の記録を取得したりといった対策もあわせて行うと効果的です。

また、サーバー室は密閉された空間になることが多いので、システムの安定稼働条件を満たすために、空調設備の導入なども検討する必要があります。サーバー室が高温になると、サーバーの故障の原因となる可能性があります。

その他、サーバー室のセキュリティ対策を行うためには、次の項目を検討する必要があります。

- サーバー室に窓がある場合、曇りガラスやブラインドなどで外からのぞけないような対策を講じる。
- 自然災害の対策として、火災報知器の設置、転倒防止の対策を講じる。
- サーバー室は禁煙、禁飲食にする。

チェック

☐ 重要機能室（サーバー室、重要書類保管室など）では入退室の記録を取得しましょう。
☐ 重要機能室は施錠可能にしましょう。

4-5 不正アクセスによるトラブル

事例9　不正アクセスによる被害

コンピュータ機器メーカーX社のAさんは、自社の新人研修の講師を担当することになり、会議室にパソコンを設置し、インターネットにも光回線で接続しました。新人研修が終了したあと、この環境はすぐに撤去する予定だったので、特にウイルス対策ソフトをインストールするなどのセキュリティ対策は行っていませんでした。
さらに、この研修では、基本的なパソコンの使用方法から社内のグループウェアの使用方法までを学習する内容だったため、社内LANにも接続できるようにしていました。

研修が始まりしばらくすると、パソコンの動作がおかしいとの報告があり、確認するとウイルスに感染していることがわかりました。
また、コンピュータ内のデータが削除されるなどの被害も出ているようでした。

その後、社内のサーバーにも不正アクセスが発生していたことがわかりました。このサーバーではログファイルの取得を行っていたため、社外から不正アクセスが試みられたことがわかりました。

この事例の要因として、ウイルス対策ソフトのインストールや不正アクセスへの対策を怠ったことがあげられます。

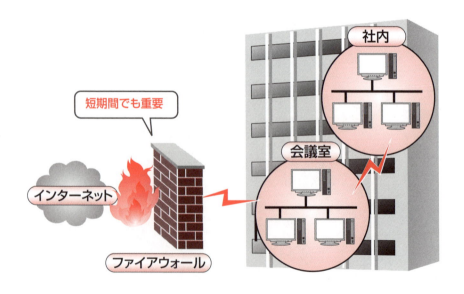

解説

■ 不正アクセスの対策

外部からの不正アクセスに対処する際、侵入されないような対策はもちろんのこと、万が一侵入されてしまった場合、侵入の履歴から侵入者を特定できるような対策をとることも必要です。
主な対策方法には、次のようなものがあります。

● ファイアウォール
「ファイアウォール」とは、組織内ネットワーク(LAN)とインターネットを接続する際に、外部からの不正アクセスを防ぐ目的から設置されるものです。ファイアウォールの名前の由来は、火事の際に延焼を防ぐ目的で設置される「防火壁」からつけられています。

● ログファイル
「ログファイル」とは、コンピュータへのアクセス内容やアクセス情報を記録したファイルのことです。ログファイル自体では不正アクセスを防ぐことはできませんが、サーバーなどにアクセスした記録を残すことができるため、追跡調査を行うことができます。
ログファイルは、単に「ログ」ともいわれます。

■ 無線LANによる不正アクセス

ノートパソコンやタブレット端末などを利用している組織が増加しています。
これらの機器は、移動が容易なため、より便利に利用するために無線LANを導入するケースもあるようです。
無線LANを導入する際には、接続パスワードは解読されないものを設定することが必須です。
万が一パスワードを解読されてしまった場合、不正にネットワークにアクセスされるだけではなく、外部から見ると不正にアクセスしたユーザーもその組織に所属しているユーザーとみなされる可能性があります。
不正アクセスされたにもかかわらず、加害者になってしまうのです。
このようなことにならないように、無線LAN導入時にはしっかりとしたセキュリティ対策を行う必要があります。

> **チェック**
>
> ☐ 組織内ネットワーク(LAN)と外部ネットワークの境界には必ずファイアウォールを設置しましょう。
> ☐ 組織内ネットワークに侵入されたときのことを考えてログファイルを取得しましょう。

事例10　サービス妨害攻撃によるサービスの停止

X市役所のAさんは情報システム課でネットワーク管理を担当しています。

ある日、Aさんはネットワーク構築の作業をお願いしているシステム会社の担当者から、「『サービス妨害攻撃』の対策を検討してはどうですか？」と提案されました。

サービス妨害攻撃とは、悪意のある者が多くのパソコンを乗っ取り、それらのパソコンから企業や官公庁のサーバーに一斉にアクセスをして、業務を妨害する攻撃のことです。「確かに必要かも知れない」と思ったAさんでしたが、大企業や国のサーバーならともかく、地方の中堅都市X市がすぐに狙われるとも思えませんでした。

そこで、Aさんは、来年度のWebサイトの運営予算を検討するとき、あらためて上司に相談することにしました。

ある日、Aさんは総務課から「市役所のWebサイトに投稿した内容が表示されない。」との連絡を受けました。

Aさんは調査を開始しましたが、投稿内容は表示されないままです。そのうち、Webサイト自体もパソコンに表示されなくなりました。

Aさんはシステム会社に調査を依頼したところ、しばらくして「X市役所のWebサイトのサーバーに対して、サービス妨害攻撃が行われているようで、Webサイトにアクセスできなくなっています。」と連絡が入りました。

結局、復旧まで丸一日以上かかり、その間、「Webサイトが閲覧できない。」という市民からの問い合わせが殺到し、対応に追われることになりました。

この事例の要因として、すぐに狙われることはないと思いこみ、サービス妨害攻撃の対策を講じていなかったことがあげられます。

解説

● サービス妨害攻撃

悪意のある者が、特定のサーバーなどに一斉にアクセスする攻撃のことを、「サービス妨害攻撃」といいます。また、サービス妨害攻撃には、攻撃者が一台の端末から攻撃する「DoS攻撃」、悪意のある者がウイルスを仕掛けるなどして乗っ取った複数の端末から攻撃する「DDoS攻撃」があります。サービス妨害攻撃を受けたサーバーは負荷が非常に高い状態となり、正規の利用者に通常のサービスを提供できなくなります。

例えば、事例のようなWebサーバーの場合は閲覧不可の状態になり、関係者が復旧作業に追われることになります。
サービス妨害攻撃を行う者の目的には、「政治的主張を行う」「脅迫」「社会を混乱させる」などが考えられます。

● サービス妨害攻撃への準備

サービス妨害攻撃には早急な対策が必要です。
インターネット接続業者（ISP）が、サービス妨害攻撃対策のサービスを用意している場合もあるので、確認してみましょう。
また、攻撃を受けた際に切り替えるための代替サーバーを用意したり、閲覧できなくなったWebサイトの代わりに情報発信する公式SNSアカウントを普段から運用したりするなど、代替策を準備しておくとよいでしょう。

チェック

- ☐ インターネット接続業者（ISP）のサービスを確認し、必要なものは取り入れましょう。
- ☐ 代替サーバーやSNSアカウントなど、Webサイトが利用できなくなった場合の代替策を用意しましょう。

確認問題

次の文章の正誤を○×で答えてください。

☐ 1. セキュリティのトラブルが発生したが、すぐに処理したので特に報告をせず業務を続けた。

☐ 2. 外部委託会社に仕事を依頼する場合、データの取扱い等に関する契約を交わすとよい。

☐ 3. ネットワーク運用規程を策定した場合、社員や職員に遵守させる必要がある。

☐ 4. サーバーのデータのバックアップを取る際は、毎日上書きをするとよい。

☐ 5. サーバー室は入退室の記録を取得したほうがよい。

☐ 6. サービス妨害攻撃とは、組織内にウイルスを侵入させ、情報を盗み出すことを目的とする攻撃のことである。

第5章 セキュリティポリシー

5-1 セキュリティポリシーとは ……………………… 105
5-2 セキュリティポリシーの構成 …………………… 111
5-3 セキュリティポリシーの維持 …………………… 117
確認問題 ……………………………………………… 121

5-1 セキュリティポリシーとは

1 セキュリティポリシーの概要

「セキュリティポリシー」とは、組織全体の情報セキュリティ対策の方針を文書化したものです。

セキュリティポリシーには、組織において何が重要な情報資産であるか、その情報資産をどのように守るかなどを記載します。

そのためには、情報セキュリティの目的である「機密性」「完全性」「可用性」の3つの要素を脅威から守ることを念頭において、技術的な対策はもちろん、システムの運用や利用者の意識啓発を盛り込んだ基本的な対策を記述する必要があります。

● 機密性

「機密性」とは、許可されていない利用者が、情報にアクセスできないようにすることで、情報を守ることです。情報には、特許情報や個人情報などの非公開のものもあり、それらの情報にすべての利用者がアクセスできることが好ましくない場合があります。

機密性が守られなかった例
- 組織内部の人間が顧客情報を外部に持ち出す。
- 外部からの不正アクセスにより、情報が漏洩する。

● 完全性

「完全性」とは、組織内で処理されたデータが正しいこと、ネットワーク上で第三者によって改ざんされることなく確実に相手に送信されていることなどを保証することです。

完全性が守られなかった例
- ウイルス感染により、データが削除される。
- 利用者の誤操作により、誤って入力されたデータのままで運用される。

可用性

「可用性」とは、許可された利用者が確実に情報にアクセスできるようにすることです。停電やサーバーなどのハードウェアの故障で必要な情報にアクセスできなかったり、極度の処理の集中による負荷で、著しく応答が遅れたりしないようにします。

可用性が守られなかった例
- サーバーの故障で一時的に必要な情報にアクセスできなくなる。
- 性能の悪いサーバーを使用しているので、データを取り出すのに時間がかかる。

2 セキュリティポリシーの目的

● セキュリティポリシーの目的

セキュリティポリシーの目的は、組織として統一された情報セキュリティを実現することです。

ひとつの脅威には複数の情報セキュリティ対策があります。その中から「どの対策をその組織の標準とするか」ということを示すことで、組織において統一された情報セキュリティを実現することができます。

セキュリティポリシーが策定されていない組織では、ひとつの情報セキュリティに対し複数の対策が考えられる場合、どの対策を実施すべきかは個別の判断になってしまいます。結果として、組織における情報セキュリティは、統一性を欠いた不安定なものになってしまいます。

セキュリティポリシーを策定することで、どの情報資産を、どのように守るのかというルールを明確にでき、組織全体を通して統一性のある安定した情報セキュリティを実現することができます。

例えば、サーバーにログオンする際には、「ICカード」「Password」「指紋認証」などの方法が考えられますが、セキュリティポリシーで管理方法を定めます。

同様に、サーバー室の入退室管理やサーバーラックなどをはじめとした情報資産の管理を定めます。

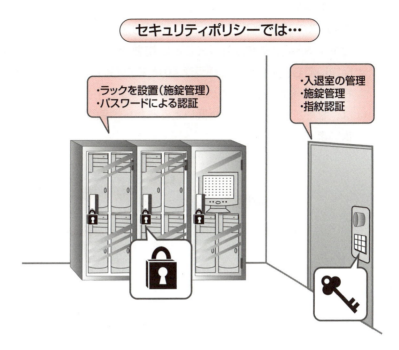

■セキュリティポリシーの実現

セキュリティポリシーを策定する場合、やみくもに策定を行っても、その効果を十分に発揮することはできません。

ウイルスの感染や不正アクセス、機器の盗難など、さまざまな脅威に対する情報セキュリティ対策を網羅することが重要です。また、それらのセキュリティレベルについても、全体としてバランスのとれたものにすることが重要です。

特定の情報セキュリティ対策にだけ過度なセキュリティレベルを実現しても、結局は、セキュリティレベルが低いところから情報漏洩や脅威による攻撃を受けてしまいます。

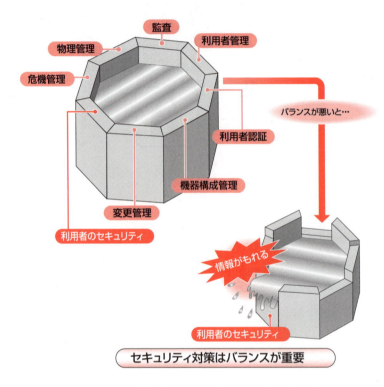

セキュリティ対策はバランスが重要

セキュリティレベルで、いちばん低くなりがちなのが、利用者のセキュリティレベルです。外部からの攻撃に対して、どれだけ高いセキュリティレベルを実現したとしても、利用者のセキュリティレベルが低ければ、セキュリティ対策は無意味なものになってしまいます。そのため、ひとりひとりのセキュリティに対する意識が特に重要です。

3 セキュリティポリシーの役割

情報化社会の進展にともない、秘密情報や組織が独自で収集し保有している個人情報などが、適切に取扱われているかを問われるようになってきました。
組織として情報漏洩を起こし、その事実が明るみになることは、対外的な信頼をなくしてしまう事態になりかねません。
セキュリティポリシーには、組織内部における情報セキュリティ対策の方針を示し、情報資産をしっかりと守るだけではなく、積極的に情報セキュリティ対策に取り組んでいることを対外的にアピールする役割もあります。

5-2 セキュリティポリシーの構成

1 構成要素

セキュリティポリシーは「基本方針」「対策基準」「実施手順」で構成されます。「基本方針」は「憲法」、「対策基準」は「法律」、「実施手順」は「制度や各種手続き」のように例えることもできます。

基本方針は組織におけるセキュリティポリシーの根本であり、この基本方針にもとづいて対策基準や実施手順が作成されます。

通常は、基本方針と対策基準をあわせてセキュリティポリシーといいます。

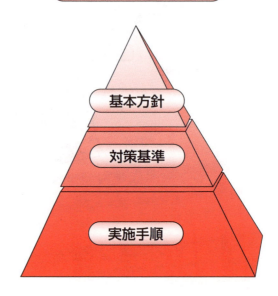

2 セキュリティポリシー策定の順番

セキュリティポリシーは階層構造をなしていますが、基本的には、上位から下位に向かって、次のようにトップダウン的に策定します。

> ①基本方針を策定します。
> 情報だけでなく、組織活動全般にかかわるセキュリティに対する考え方を定めます。

> ②対策基準を策定します。
> 包括的な対策だけでなく、個別の情報システムに関するセキュリティ対策を定めます。

> ③実施手順を作成します。
> 各情報システムの設計書など、具体的な対策の実現方法を定めます。しかし、運用中の情報システムなどには、既に実施手順や設定方法などが存在することもあるため、これについては、上位の基準と整合性を確認しながらボトムアップ的に見直しを行います。

3 基本方針

基本方針では、組織が保有している情報資産に対して「どの情報資産を、どのような脅威から、どのように守るのか」という姿勢を明確にし、セキュリティに対する取り組みを示します。基本方針は次のような項目で構成されます。

● 目的

組織の理念や考え方を示し、組織全体として情報セキュリティ対策に取り組む必要性と目的を示します。

● 組織における位置付け

基本方針が、組織内のあらゆる情報セキュリティの考え方のもとになることを示します。

● 適用範囲

セキュリティポリシーを適用する範囲を示します。組織単位で適用するか、業務単位で適用するか、その視点を定め、遵守すべき対象者は誰なのかを明確に示します。

● 構成

基本方針、対策基準、実施手順の内容と役割を明確にします。

● 管理体制

組織のセキュリティを維持し、推進を図る体制や運用を管理する体制を示します。

● 教育体制

セキュリティポリシーを適用対象者に理解してもらうための教育体制について示します。

● 遵守義務と罰則

セキュリティポリシーを理解し遵守する義務があることを示します。重要性を認識してもらうために罰則を規定することもあります。

●基本方針の記載例

> **情報セキュリティ基本方針**
>
> **1.目的**
> 　近年の情報化社会の進展を背景にして、さまざまな情報セキュリティ事件が明るみになるようになった。それとともに保有する情報資産の適切な管理が急務となっている。また、対外的な信頼を得る上でも積極的な情報セキュリティ対策が重要である。我が組織における情報セキュリティを実現するために「情報セキュリティ基本方針」を定め、これに準拠することとする。
>
> **2.位置付け**
> 　この情報セキュリティ基本方針は、我が組織における情報セキュリティ対策について、総合的にまとめたものであり、あらゆる情報セキュリティに関わる対策の最高位に位置するものである。
>
> **3.適用範囲**
> 　この情報セキュリティ基本方針の適用範囲を次に定める。
> 　（1）適用資産
> 　　　我が組織が保有する全ての情報資産とする。
> 　（2）適用対象者
> 　　　適用資産に関わる全ての内部関係者とする。

4 対策基準

対策基準では、基本方針にもとづく情報セキュリティを実現するための具体的な基準を決めます。組織内には多岐にわたるシステムや部門が存在しますが、対策基準では各々に細かい基準を決めるのではなく、組織全体を通して共通な項目でまとめるのが一般的です。対策基準は、次の3つの項目を考慮して決定します。

● 物理的セキュリティ対策

「物理的セキュリティ対策」とは、業務を行っている建物や重要情報を扱うコンピュータを設置している部屋などを対象に、物理的な方法で実施する情報セキュリティ対策のことです。

- 重要な情報が管理されている室内は監視を設けること。
- 重要な情報システムが設置されている部屋は利用者の入室を制限し、入退室の履歴を管理すること。
- パソコンの盗難を防止する対策を行うこと。

など

● 技術的セキュリティ対策

「技術的セキュリティ対策」とは、ハードウェア、ソフトウェアの安全性と信頼性を確保するために技術的な方法で実施する情報セキュリティ対策のことです。

- システムへのアクセスにはパスワード認証を設けること。
- 不正アクセスを防止するためにファイアウォールを設置すること。
- ウイルス感染を防止するためにウイルス対策ソフトを導入すること。

など

● 人的セキュリティ対策

「人的セキュリティ対策」とは、情報資産を守るための管理体制を明確にしたり、利用者のセキュリティ意識を高めたりする情報セキュリティ対策のことです。

- 外部への業務委託契約には機密保持を考慮して契約書を作成すること。
- 定期的にセキュリティ教育を実施すること。
- 重要な情報の受け渡しには、立会い人を付けること。

など

5 実施手順

実施手順では、情報システムごとの操作方法や取扱いの注意点、緊急時の連絡先と対応方法など、対策基準を満たすために必要な実務レベルの実施内容を決めます。
実施手順の記載例は、次のようなものです。

> 「〇×システムの実施手順」
> ● パスワードは、8文字以上12文字以内で設定すること。
> ● ウイルス対策ソフトの定義ファイルの更新は管理者側で行うため、手動での更新は行わないこと。
> ● 重要情報を印刷する場合は、印刷管理台帳に氏名、部署のログを取得すること。

> 「□△システムの実施手順」
> ● パスワードは、8文字以上20文字以内で設定すること。
> ● ウイルス対策ソフトの定義ファイルは、毎日、手動で更新すること。
> ● 休憩時間等、席を外す場合はパスワード付きのスクリーンセーバーを起動するかコンピュータのシャットダウンを行うこと。

※実施手順の例として、「利用者規約(例)」をP.134「付録1」に掲載しています。

5-3 セキュリティポリシーの維持

1 セキュリティ維持の管理プロセス

セキュリティポリシーは、一度策定し、実施すれば永久にセキュリティが確保できるものではありません。日々、OSの新たなセキュリティホールは発見されていて、次々に出現する新しい攻撃手段を持った脅威に対応できなくなることもあります。情報システムの入れ替えや、管理者や利用者の人事異動などによるセキュリティレベルの低下も考えられます。

セキュリティポリシーを運用する際には、定期的な監査を実施し、その結果によってセキュリティポリシーの改定、見直しを図ります。

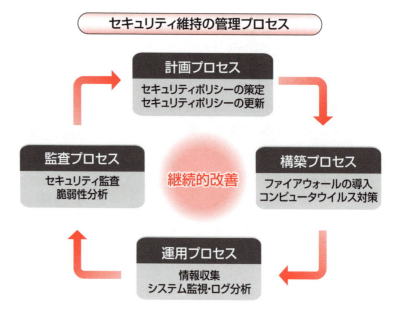

2 計画プロセス

「計画プロセス」では、セキュリティポリシーの策定作業を行うメンバーを組織全体から集め、ワークグループを構成します。ワークグループでは、組織内の情報資産が脅威による攻撃を受けた場合に、どれくらいの影響を及ぼすかを考慮して情報資産ごとに重要度を決めます。その後、それに見合った情報セキュリティ対策を選定します。

- 情報資産の重要度の決定
- リスクアセスメント
- セキュリティポリシーの策定・更新
- 情報セキュリティ対策の選定

など

3 構築プロセス

「構築プロセス」では、策定されたセキュリティポリシーにもとづいてスケジュールを立て、必要な対策を実施します。ファイアウォールやウイルス対策ソフトなどを導入することなどが、一例としてあげられます。
また、内部関係者へのセキュリティ教育も実施します。情報セキュリティ対策の重要性を理解・遵守してもらうことは、構築プロセスの中でも、特に重要なことです。

- ファイアウォールの導入
- ウイルス対策
- 内部関係者への教育

など

4 運用プロセス

「運用プロセス」では、新しく発見されたセキュリティホールに関する情報の収集や、最新のコンピュータウイルスに関する情報などを収集します。
セキュリティに関わる情報収集は、新しい脅威の出現に素早く対応する上で重要です。また、セキュリティ事故の防止、早期発見のために、システムの監視やアクセスログの確認を行います。

- 情報収集
- システム監視
- ログの分析

など

5 監査プロセス

「監査プロセス」では、運用されているセキュリティポリシーが機密性、完全性、可用性を実現しているかを判断します。
監査を行うことによって、現実的には実現不可能な情報セキュリティ対策や、業務内容や施設の変更などで実情に合わなくなった情報セキュリティ対策を発見することができます。その結果をもとに、より信頼性の高いセキュリティポリシーに改定し、見直しを図ります。

- セキュリティ監査
- アタックテスト
- 脆弱性分析

など

> **用語**
>
> **アタックテスト**
> サーバーなどに不正アクセスを試み、セキュリティ対策がしっかりと行われているかを洗い出すテストのことです。
>
> **脆弱性分析**
> セキュリティ上の弱点がどこにあるかを分析することです。

6 リスクアセスメント

計画プロセスのセキュリティポリシーの策定作業の前には、リスクアセスメントといわれる作業が必要になります。「リスクアセスメント」とは、情報資産の脅威による危険度を評価することです。この作業を実施することで、組織が保有する情報資産の価値と、それらに実施すべきセキュリティ対策が明確になります。
リスクアセスメントの作業は、次のような流れで行います。

①組織が守るべき情報資産を定義する。

②定義した情報資産に対する、脅威の分析、被害の想定、脆弱性の分析を行う。（リスク分析）

③リスク分析の結果をもとに、組織上の制約を勘案しながらセキュリティ対策を検討する。

④セキュリティ対策を採用し、リスクが軽減できたか、残っているリスクは何か、残存するリスクは許容できる範囲か、などを評価する。

確認問題

次の文章の正誤を○×で答えてください。

☐ 1. セキュリティポリシーとは、組織における情報セキュリティ対策の方針である。

☐ 2. 組織全体の情報セキュリティの確保のためには、ひとりひとりの判断を優先してセキュリティ対策を行う必要がある。

☐ 3. ひとつの脅威には、ひとつの対策しかない。

☐ 4. セキュリティポリシーは「基本方針」があればよい。

☐ 5. セキュリティポリシーは、一度策定すれば、見直す必要はない。

第6章 知っておきたい知識

6-1 著作権法とは ………………………………… 123
6-2 個人情報保護法とは …………………………… 128
6-3 不正アクセス禁止法とは ……………………… 131
確認問題 ………………………………………… 133

6-1 著作権法とは

1 著作権

「著作権」とは、人間の思想や感情を、文字や音、絵、写真などを使って創作的に表現されたものを、他人に勝手に模倣させないように保護する権利のことです。

本来は、音楽や美術品などを保護する目的で作られました。近年のコンピュータの普及にともない、プログラムやWebページ、データベースなども保護の対象となりました。

2 著作権法

「著作権法」は、著作権を保護するための法律として1899年に制定されました。その後、1970年に全面改訂され、改正を重ねながら現在に至っています。
著作権法によって、著作権は、原則著作者の死後50年間保護されます。
著作権法の目的は、著作者の権利を保護することによって、創作物を生み出そうという意欲を損なわないことにあります。これにより、新しい文化を生み出すための基盤を維持することができます。

著作権は著作物を創作した時点で自動的に発生します。特別な申請は必要ありません。

> **著作権法**
> 第一条（目的）
> 　この法律は、著作物並びに実演、レコード、放送及び有線放送に関し著作者の権利及びこれに隣接する権利を定め、これらの文化的所産の公正な利用に留意しつつ、著作者等の権利の保護を図り、もつて文化の発展に寄与することを目的とする。

3 著作権の分類

一般には一言で著作権といわれる権利ですが、権利の内容によって、次のように分類されます。

分類	権利の内容
著作者人格権	著作物に対する公表権や氏名表示権、同一性保持権（著作物に不本意な改変を加えられない権利）など
著作権	著作物に対する複製権や公衆送信権（公衆に送信または放送する権利）、上映権、口述権（朗読により公に伝達する権利）、展示権、貸与権、二次的著作物の利用 など

「著作者人格権」は、著作者だけが有する、著作者の人格保護のための権利です。他人に譲渡したり、相続したりすることはできません。

「著作権」は、著作物の財産的利用を独占的に行える権利です。権利の一部または全部を譲渡したり、相続したりすることができます。

この著作権は著作者人格権と区別するために「著作財産権」といわれることもあります。

4 ソフトウェアの取扱い

ソフトウェアも、著作権法によって保護されています。したがって、原則として著作者の許諾なしに複製することはできません。

特に市販のソフトウェアを購入し使用する際には、著作者との間で「使用許諾契約」を締結しなければなりません。この場合は、基本的には「使用する権利」が許諾されているだけに過ぎません。この使用する権利のことを「使用権」と表現するソフトウェアメーカーもあります。

購入者が使用する権利で認められている範囲を超えてソフトウェアの複製や、貸与、転売を行うと著作権の侵害になります。不測の事態に備えるために行うバックアップについても、どの範囲で行うことができるかを確認する必要があります。

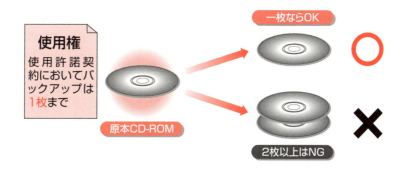

5 著作物を利用するときの注意点

◆ ソフトウェア編

ソフトウェアを使用する場合、次のようなことに注意する必要があります。

Q1. 1本のソフトウェアを2台のパソコンで使いたい。
A1. 原則として、パソコンの台数分のソフトウェアもしくはライセンスを購入する必要があります。
ただし、メーカーによっては、利用者が一人に限定されていて、デスクトップ用パソコンとノートパソコンを同時に使用しない場合には、2台のパソコンにインストールすることを許可していることもあります。

Q2. ソフトウェアをコピーしたい。
A2. ソフトウェアをコピーすることは著作権の侵害になります。ただし、使用許諾契約の範囲において、バックアップ用としてコピーすることができます。

Q3. フリーソフトを自由に使いたい。
A3. フリーソフトにも著作権はあります。使用許諾条件の範囲において、使用することができます。

> **用語**
> フリーソフト
> インターネット上などでダウンロードでき、無償で使用できるソフトウェアのことです。

●Webページ作成編

Webページを作成する場合、次のようなことに注意する必要があります。

Q 1. 写真を絵に描いたり、イラストやキャラクタを描き写したりして、Webページに掲載したい。

A 1. 写真やイラスト、キャラクタは著作権で保護されています。これらを手描きで描き写すことも禁止されています。

Q 2. フリー素材集からイラストを使用したい。

A 2. フリー素材集にも、著作権があります。使用許諾条件の範囲において、利用することができます。

Q 3. 他社のロゴマークやシンボルマークを真似して、自分の会社のマークとして利用したい。

A 3. ロゴマークやシンボルマークには商標を保護される権利（商標権）があり、同一または類似のマークや名称を使用することはできません。差止請求を受けたり損害賠償を求められたりする可能性もあります。

Q 4. 自分で描いたイラストを掲載したい。

A 4. 問題ありません。

用語

商標と商標権
「商標」とは、商品を選択する目安となるマークや商品のことをいいます。
また、「商標権」とは、商標が保護される権利のことです。

6 著作権侵害の事件

著作権を侵害した事件として、次のようなものがあります。

- 大手インターネットオークションサイトで、ビジネスソフトの海賊版を販売していた男性会社員が、著作権法違反の疑いで逮捕されました。男性は、無許諾でCD-Rに複製したソフトウェアを、市場価格の10分の1以下の価格で販売していました。

- まんが喫茶において、家庭用ゲーム機を設置し権利者の許諾を得ずに家庭用ゲームソフトを上映していたとして、同店を経営する男性2人が著作権法違反（上映権の侵害）の疑いで逮捕されました。
店舗にパソコンや家庭用ゲーム機を設置し、営利目的で客にビジネスソフトやゲームソフトを使用させる行為は、著作権法上、上映権の侵害に該当する場合があります。

- 携帯用ゲーム機のソフトウェアを権利者に無断でアップロードし、送信できる状態にしていた男性が、著作権法違反（公衆送信権の侵害）の疑いで逮捕されました。この男性がファイル交換ソフトを通じてアップロードしていたソフトウェアは、約2,700タイトルあり、市場価格で1,000万円を超えるものでした。

6-2 個人情報保護法とは

1 個人情報保護法

「個人情報保護法」は、正しくは「個人情報の保護に関する法律」といいます。この法律は平成17年4月1日に施行されました。

情報化社会の進展にともなって、コンピュータやインターネット上で個人情報を利用することが増えてきたため、個人情報を取扱う事業者が遵守すべき義務などを定めたものです。個人情報の持つ利便性に配慮しつつ、個人の権利利益を保護することを目的にしています。

2005年に個人情報保護法が施行されてから、情報を取り巻く環境は大きく変化したため、2015年に個人情報保護法が改正され、2017年5月30日から施行されました。

個人情報保護法では、次のように「個人情報」を定義しています。

> **個人情報の保護に関する法律**
> 第二条（定義）〈抜粋〉
> 　この法律において「個人情報」とは、生存する個人に関する情報であって、当該情報に含まれる氏名、生年月日その他の記述等により特定の個人を識別することができるもの（他の情報と容易に照合することができ、それにより特定の個人を識別することができることとなるものを含む。）をいう。

2 個人情報とは

ひとつの情報だけでは、個人を特定するに至らない情報でも、容易に手に入るほかの情報と組み合わせることで、個人を特定できるようなものも個人情報に含まれるので注意が必要です。具体的には、次のようなものが「個人情報」といえます。

> **個人情報**
> ● 氏名、生年月日、住所
> ● 電話番号、FAX番号
> ● 銀行口座番号
> ● クレジットカード番号
> ● 顔写真（画像含む）
> ● 音声データ　　　　　　　　　　　　　　　　　　　　　　　　など

3 要配慮個人情報

個人情報保護法の改正において、不当な差別や偏見に繋がりかねない個人情報を適切に取扱うために、「要配慮個人情報」という新たな区分が設定されました。具体的には、人種、信条、社会的身分、病歴、犯罪歴、犯罪により被害を被った事実、などが要配慮個人情報にあたります。

組織において個人情報を収集する場合には、本人に利用目的を通知して、適正な方法で取得しなければなりません。

また従来、個人情報の利用目的の変更は、ごく限られた範囲でしか行うことができませんでしたが、「当初の利用目的と関連性がある」と合理的に考えられる範囲において、利用目的の変更ができるようになりました。

4 個人情報の利用

組織において個人情報を取得する場合は、本人に利用目的を通知して、適正な方法で取得しなければなりません。個人情報の利用目的が変更になるような場合は、その旨を本人に通知または公表しなければなりません。第三者へ個人情報を提供する場合には、通知だけでなく本人の同意も必要とします。

アンケートで収集した個人情報をもとにダイレクトメールを送ろうと思ってるんだけど・・・。

ん〜。アンケート用紙に「今後、案内状の送付などで利用することがあります。」というような内容が明記してあれば大丈夫だけど、明記してなければ、アンケート収集以外の目的で利用することはできないね・・・。

5 個人情報が漏洩した事件

個人情報が漏洩した事件には、次のようなものがあります。

- 電気通信企業A社のB支店に何者かが1階の窓ガラスを割って不正侵入し、顧客情報2526件が保存されたノートパソコン2台や現金などが盗まれました。
 盗まれた2台のパソコンには、法人顧客268件、個人顧客2258名分の顧客情報が保存されており、顧客名、住所などが含まれています。パソコンには、セキュリティワイヤーによる盗難防止措置が施されていましたが、持ち去られました。
 盗難判明後、被害届を提出し、該当する顧客に対しては説明と謝罪をするとともに、問い合わせ専用の電話窓口を設ける措置がとられました。

- 情報通信企業C社の社員の私用パソコンから、ファイル交換ソフトを介して、個人情報243件や電力会社Dから受託した業務の関連情報が流出しました。
 情報通信企業C社では、私用パソコンの利用禁止やファイル交換ソフト対策を以前から推進していたにも関わらず、同社員がUSBメモリにデータをコピーして持ち出し、自宅のパソコンに保存しました。作業していたところウイルスに感染し、ファイル交換ソフトを介して流出したということです。
 またC社では、個人所有のパソコンにおける業務データについては、削除を義務付けていましたが、削除されておらず、流出に繋がってしまいました。
 C社では、対象となる顧客に対して、経緯説明と謝罪を行い、さらなるセキュリティ強化を目指すとしています。

6-3 不正アクセス禁止法とは

1 不正アクセス禁止法

「不正アクセス禁止法」とは、不正アクセス行為を取り締まるための法律で、2000年2月に施行されました。正式名称は「不正アクセス行為の禁止等に関する法律」といい、2013年5月が最終改正です。

不正アクセス禁止法違反によって逮捕された人の中には、不正アクセス行為に関する認識が甘く、「まさか、犯罪になると思わなかった…。」と愕然とする人もいるようです。

不正アクセス禁止法では、不正アクセス行為そのものだけでなく、不正アクセス行為を助長する行為も禁止されています。うっかり加害者になってしまわないように注意しましょう。

不正アクセス行為の禁止等に関する法律

第一条（目的）
　この法律は、不正アクセス行為を禁止するとともに、これについての罰則及びその再発防止のための都道府県公安委員会による援助措置等を定めることにより、電気通信回線を通じて行われる電子計算機に係る犯罪の防止及びアクセス制御機能により実現される電気通信に関する秩序の維持を図り、もって高度情報通信社会の健全な発展に寄与することを目的とする。

不正アクセス禁止法は、次のような不正なアクセス行為を犯罪と定義し、取り締まるための法律です。

①不正アクセス行為

他人のユーザーID・パスワードを無断で利用し、正規のユーザーになりすまして、利用制限を解除し、コンピュータを利用できるようにするなどの行為です。

②他人の識別符号を不正に取得する行為

不正アクセスをするために、他人のユーザーID・パスワードを取得するなどの行為です。

③他人の識別符号を不正に保管する行為

不正アクセスをするために、他人のユーザーID・パスワードを保管するなどの行為です。

④識別符号の入力を不正に要求する行為

フィッシング詐欺のように、不正に他人のユーザーID・パスワードを入力させるような行為です。

⑤不正アクセス行為を助長する行為

他人のユーザーID・パスワードを、その正規ユーザーや、管理者以外の人間に提供し、不正なアクセスを助長するなどの行為です。

2 不正アクセス禁止法違反の事件

不正アクセス禁止法に違反した事件として、次のようなものがあります。

- オークションサイトに不正にアクセスした男性が不正アクセス禁止法違反の疑いで逮捕されました。
  この男性は、アルバイト先のインターネットカフェのパソコンにキーボードの入力履歴を記録するソフトを仕掛け、インターネットカフェを利用した客のIDとパスワードを不正に入手し、それらを使ってオークションサイトにアクセスしていました。
- オンラインゲームの運営会社の社員が不正アクセス禁止法違反の疑いで逮捕されました。
  この社員は、直属の上司のIDとパスワードを不正に入手してゲームデータ管理サーバーにアクセスし、ゲーム内で通用する通貨を不当に増加させました。また、増加させた通貨は、この通貨を買い取る業者に持ち込み約1,400万円の利益をあげていました。

> **用語**
>
> **識別符号**
> ユーザーIDやパスワード、指紋、虹彩、声紋、署名など本人を識別するためのものです。

確認問題

次の文章の正誤を〇×で答えてください。

☐ 1. 著作物を創作しても、著作権の登録申請をしないと著作権として認められない。

☐ 2. 写真家のWebページで公開されている写真を、許可を得ず自分のWebページに転載した。

☐ 3. いったん収集した個人情報は、収集した側で自由に使ってよい。

☐ 4. 銀行の口座番号も個人情報といえる。

☐ 5. 他人のユーザーIDやパスワードを入手するために、銀行のWebページと似たページを作って公開した。

付録1
利用者規約と
セキュリティチェック表

1 利用者規約（例） ………………………………………… 135
2 セキュリティチェック表 ………………………………… 137

1 利用者規約（例）

「利用者規約」とは、ウイルスや不正アクセス、情報漏洩などの脅威から、組織の情報資産を守り安全に運用するため、各利用者が守るべきルールを取りまとめたものです。

組織において、次の例に示すような利用者規約が定められている場合、セキュリティを維持するために、規約内容を遵守しなければなりません。

次に紹介するのは、利用者規約の一例になります。

○○株式会社 利用者規約

（前述）
情報資産を安全に扱うにあたり、全社員がここにあげる利用者規約を遵守しなければならない。

（利用者規約）
1. 情報資産の管理
1-1 電子データの管理
i) 運用上の注意点
・パソコンおよびネットワークにログオンするためのユーザーIDとパスワードを必ず設定してください
・離席時はログオフもしくはパスワード付きスクリーンセーバーを設定してください
・パスワードは書き写さず記憶して厳正に管理してください
・格納しているデータには適切なアクセス権を設定してください
・定期的にデータのバックアップを実施してください

ii) 廃棄上の注意点
・パソコン内のハードディスクはフォーマットしたあとで、完全消去ツールを利用して削除するか物理的に破壊してから廃棄してください
・FD、MO、CD、DVDなどの記憶媒体は物理的に破壊してから廃棄してください

1-2 帳票類（紙データ）の管理
i) 運用上の注意点
・重要書類はバインディングしてキャビネットに格納し施錠してください
・離席時は使用中の書類を机上に放置せず引き出しなどに収納してください

ii) 廃棄上の注意点
- 重要書類は必ずシュレッダーにかけてください
- 印刷済みの用紙を裏紙にするときは、事前に内容を確認し重要な内容のものは使用しないでください

2. メール・インターネットの利用
2-1 メール運用上の注意点
- 業務以外でのメールの使用は慎んでください
- 送信前に宛先と内容の確認をしてください
- 部外者へのメールには機密情報を記載したり添付したりしないでください
- 不審なメールは開かず削除してください(添付ファイルの実行もしないでください)
- チェーンメールの危険性を常に意識してください

2-2 インターネット運用上の注意点
- 業務に必要のないWebページ、不審なWebページへはアクセスしないでください
- 不用意に個人情報をWebページに登録しないようにしてください
- インターネットで情報を発信する際には、誹謗中傷や公序良俗に反する発言をしないように注意してください
- 不用意なダウンロードによる著作権の侵害に注意してください

3. コンピュータウイルス対策
3-1 コンピュータウイルス対策の運用
- 各パソコンごとにウイルス対策ソフトをインストールしてください
- ウイルス対策ソフトの定義ファイルを最新状態で管理するようにしてください
- ウイルス対策ソフトは常時監視機能を有効にしてください
- 定期的にウイルススキャンを実行してください
- 定期的以外にも不定期にウイルススキャンが必要なのは次のような場合です
    - 新しくパソコンなどの情報機器やFD、MO、CD、DVDなどの外部記憶媒体を持ち込む場合
    - 外部にデータを持ち出す場合
    - メールに不審な添付ファイルが付いていた場合
    - ダウンロードファイルを実行する場合

以上

このほかにも管理者のための規約や、組織全体のセキュリティに関する指針をまとめたセキュリティポリシーを策定して運用していく必要があります。

2 セキュリティチェック表

次の表は、セキュリティ対策として必要な内容です。
内容を読んで、チェック欄に記入しましょう。

※チェック内容は、本書で紹介した事例にもとづいています。

○=はい　×=いいえ　△=どちらでもない（該当しない）

番号	項目	チェック
1	日常において「セキュリティ」の重要性を意識していますか？	
2	取扱っている情報の重要度は理解していますか？	
3	個人情報を取扱うときは、適切な管理をしていますか？	
4	ウイルス対策ソフトを導入していますか？	
5	大切なデータは定期的にバックアップを取っていますか？	
6	ウイルス対策ソフトの定義ファイルは、定期的に更新していますか？	
7	定期的にウイルススキャンを行っていますか？	
8	ウイルス対策ソフトの常時監視機能を有効にしていますか？	
9	業務に必要のないWebページにアクセスしていませんか？	
10	組織のメールアドレスを業務目的以外で使用していませんか？	
11	Webページへ個人情報を登録するときは、登録先の信頼性を確認していますか？	
12	インターネット上の掲示板は、不特定多数の人が閲覧していることを意識していますか？	
13	発信元やメール内容が不明なメールを、不用意に開いていませんか？	
14	受信した添付ファイルは開く前にウイルススキャンをしていますか？	
15	ファイルを添付してメールを送信する際には、本文に添付ファイルの説明を付けていますか？	
16	メールやFAXを送信する際は、宛先を再確認していますか？	

付録

番号	項目	チェック
17	メールを送信する際の「CC」と「BCC」の違いを理解していますか？	
18	理由に関わらず、他人にパスワードを教えていませんか？	
19	他人に解読されやすいパスワード（生年月日など）を設定していませんか？	
20	パスワードは他人にわからないように管理していますか？	
21	身分証やIDカードなどは、所定の管理をしていますか？	
22	身分証やIDカードなどが盗まれたときは、速やかに管理元に連絡していますか？	
23	OSやアプリケーションのセキュリティホールに関する情報を定期的にチェックしていますか？	
24	社外へ情報を持ち出さないようにしていますか？	
25	社外へ情報を持ち出すときは、その重要性を考慮していますか？	
26	パソコンの盗難に備えた対策を実施していますか？	
27	社外から持ち込んだファイルは、開く前にウイルススキャンをしていますか？	
28	業務用パソコンに、許可されていないアプリケーションをインストールしていませんか？	
29	外部機器を接続する際に、動作保証のあるものか確認していますか？	
30	パソコンやCD、DVDなどを廃棄する際は、データが復元できないように処理をしていますか？	
31	重要な情報が印刷された帳票を廃棄するときはシュレッダーで処理していますか？	
32	重要な情報が印刷された帳票を裏紙として再利用していませんか？	
33	Webページに掲載されている画像などを無断で使用していませんか？	
34	ソフトウェアの使用許諾条件に反した不正な使用をしていませんか？	
35	パソコンにログオンして離席するときは、ログオフしていますか？	
36	オフィスのエレベータ内や共用スペース、または飲食店や電車内などで業務に関わる情報を話していませんか？	

番号	項目	チェック
37	名札や身分証明書の着用、携帯を行っていますか？	
38	セキュリティ事故が発生した際は、規模の大小に関わらず、速やかに管理元に連絡していますか？	
39	特に重要なデータは、世代に分けてバックアップを取っていますか？	
40	組織内のセキュリティポリシーを理解していますか？	

● チェック結果

【○の数：0～20】

情報資産は、常にさまざまな脅威に狙われています。ひとりのセキュリティ意識の欠如によって、多大な被害をまねく結果になりかねません。組織が決めたセキュリティ対策に準じて、しっかりとしたセキュリティ対策を実践してください。なお、組織としてセキュリティポリシーが、まだ策定されていないようであれば、早急な対応が必要です。

【○の数：21～35】

セキュリティ対策の必要性は認識されているようですが、まだ不十分なところもあるようです。セキュリティ対策は全体のバランスがとても大切なので、特定のセキュリティ対策に偏っていては、弱い部分からセキュリティ事故が発生してしまいます。あらゆる脅威に対して、網羅性のあるセキュリティ対策を実践しましょう。

【○の数：36～40】

セキュリティ意識も非常に高く、網羅的なセキュリティ対策が実践されています。より一層の安定したセキュリティを確保するために、個人としての実践にとどまらず、周囲でセキュリティ対策が実践できていない点は、注意を促していきましょう。

※チェック内容は環境によって異なるため、○の数はあくまでも目安です。

付録2
スマートデバイスの
セキュリティ対策

1 スマートデバイスに必要なセキュリティの知識 …………… 141
2 スマートフォン・タブレット端末 利用者規約（例）……… 144

1 スマートデバイスに必要なセキュリティの知識

スマートフォンやタブレット端末のスマートデバイスは、基本的にはノートパソコンなどの情報資産と同様に扱う必要があります。
ただし、ノートパソコンよりも軽量、コンパクト、また電話機能を有しているため、肌身離さず持ち運ぶことが多くなるでしょう。
スマートデバイスならではのセキュリティ事故も多発しているため、しっかりとしたセキュリティ対策をたてる必要があります。

■パスワードを設定しよう

スマートデバイスにパスワードを設定していない方も多いようです。
パスワードを設定しておけば、第三者による使用や、盗難や紛失をしたときにデータの流出を困難にすることができます。

最近のスマートデバイスでは、指紋認証、顔認証、英数字を組み合わせたパスワードなど、さまざまなパスワードを設定することができます。組織の方針に従って、適切なパスワードを設定しましょう。

■ウイルス対策ソフトの導入しよう

パソコンでは、かなりの割合で導入が進んでいるウイルス対策ソフトですが、スマートデバイスではまだまだ導入されていないことが多いようです。

スマートデバイスには、電話帳などの明確な個人情報が登録されていることが多く、セキュリティに対する意識もパソコンほど高くないので、悪意のある者の標的になりやすくなっています。

特にAndroid端末では、不正なプログラムも数多く発見されているので、しっかりとした対策が必要です。

■電話帳には必要最低限の情報を保存しよう

電話帳はまさに個人情報の宝庫です。
悪意のある者がこの情報を見逃すはずがありません。最近では、スマートデバイスの電話帳を狙う悪意のあるアプリが急増しています。

電話帳に連絡先を登録する際には、次のような点に注意しましょう。

- フルネームでは登録しない。
- 会社名などの所属情報は略称で登録する。
- 役職名は記載しない。
- 会社名が特定できるようなメールアドレスの場合、アカウント名（@より前の部分）のみ登録する。

Wi-Fiアクセスポイントに注意しよう

スマートデバイスでも、より高速な通信を求めて、Wi-Fiでの通信を行うこともあると思います。

Wi-Fiアクセスポイントを利用する際には、セキュリティ対策がしっかりと行われているところを選択する必要があります。

街中にある無料のWi-Fiアクセスポイントには、悪意のある者が盗聴目的で提供しているものもあるので、どのような事業者が提供しているサービスなのかを調べた上で利用するかどうかを検討するとよいでしょう。

Wi-Fiアクセスポイントを使う際には、次のような点に注意しましょう。

- 会社が許可していないWi-Fiアクセスポイントには接続しない。
- 暗号化されているWi-Fiアクセスポイントを使う。
- ID、パスワードなどの個人情報を入力するようなWebページにはアクセスしない。
- 重要な情報が書かれているメールの送受信は行わない。

ソフトウェアの追加に注意しよう

スマートデバイスの魅力のひとつに、手軽にアプリを追加できるということがあります。また、アプリを簡単に入手できるように、スマートデバイスのメーカーが用意した公式マーケットと呼ばれる、アプリをダウンロードできるサイトも用意されています。

通常、公式マーケットでは、マーケットの運営側でアプリ自体の安全性の検査を行っていますが、この検査をかいくぐり不正な動作をするようなアプリも配布されているのが現状です。

不正なアプリの導入を防ぐためにも、不必要なアプリは導入しないなどの対策が必要になります。

不正なアプリかどうかを見分けるのは困難ですが、例えば、図のように「電池持ちをよくするためのアプリ」のはずなのに、ソーシャル情報(通話履歴、連絡先)を読み取るようなアプリは、導入を慎重に検討する必要があります。

■データの持ち運びに注意しよう

スマートデバイスは、本体内蔵の保存領域やSDカードなどの外部記憶媒体を利用し、可搬媒体としてデータを持ち運びすることが可能です。

しかし、スマートデバイスは持ち出し頻度が多いため、可搬媒体として利用することはおすすめできません。

スマートデバイスを安易に可搬媒体として利用すると、紛失の際に被害が拡大する恐れがあります。

■盗難・紛失時の対策をしよう

スマートデバイスは、持ち運びを前提とした運用が行われるため、盗難・紛失の際の対応を考えておくとよいでしょう。

重要な情報はなるべく保存しない、保存した場合でも使い終わったらすぐに削除するなどの対応が必要です。

また、端末のロック解除のパスワードを一定回数連続して間違えるとすべてのデータを削除する「ローカルワイプ」、遠隔地から通信回線を通じてすべてのデータを削除する「リモートワイプ」などの機能があるようであれば、設定しておくことをおすすめします。

盗難・紛失時の対策として、次のようなことを検討します。

- パスワードを設定する。
- 秘密情報などの重要な情報は保存しない。
- 重要な情報を格納している場合は、ネックストラップ等を使用する。
- リモートワイプ、ローカルワイプなどの機能を設定する。

2 スマートフォン・タブレット端末 利用者規約（例）

組織において、スマートフォンやタブレット端末などの機器が使われることが多くなってきています。
これらの機器は、携帯電話の機能とノートパソコンの機能を併せ持ち、使用頻度が増えている反面、パソコンほどセキュリティ対策が浸透していないのが現状です。

組織において、次の例に示すような利用者規約を策定し、スマートフォンやタブレット端末のセキュリティ対策を推進することが望まれています。

○○株式会社 スマートフォン・タブレット端末利用者規約

（前述）
会社提供の、スマートフォン及びタブレットの使用にあたり、全社員がここにあげる利用者規約を遵守しなければならない。
なお、個人所有のスマートフォン・タブレットを業務使用で認められた場合も、この規約に則って運用する必要がある。

規約本文において、「スマートフォン端末」と「タブレット端末」を包含する言葉として「スマートフォン」を用いる。

（利用者規約）
1. 利用目的
スマートフォンにおいて使用できるのは、以下の機能のみとする。
1-1 電話
・通信事業者の音声回線を利用した通話機能
・内線機能を有する事業所においての内線通話
1-2 電子メール
・通信事業者のデータ通信回線を利用したメールの送受信機能
1-3 連絡先（電話帳）
・アプリを使い、電話番号等の連絡先を保存する機能
1-4 ブラウザ
・インターネットに接続することにより、ホームページを閲覧等する機能
1-5 アプリケーションの追加
・スマートフォンの利便性の向上や新規機能の付与を目的として提供されているプログラムの追加機能

2. 各機能の使用における遵守事項
2-1 通話
・通話は、業務上必要な通話のみに限定すること
・VoIPを利用した通話は禁止する

2-2 電子メール
- 電子メールは、業務上必要な連絡のみに限定すること
- 許可された電子メール用アプリケーションを使用すること
- 不要な電子メールは速やかに削除すること
- 機密情報を送信する場合、ファイルの暗号化等安全確保の対策を講ずること
- 許可された事業者の提供する電子メールサービス以外は使用しないこと

2-3 連絡先（電話帳）
- 連絡先は、業務上必要な情報のみ保存すること
- 顧客の組織名は、組織が特定されないようにすること
- 名前は、名字のみにするなど、個人情報が特定されないようにすること

2-4 ブラウザ
- ブラウザは、業務上必要な情報収集のみで使用すること
- 許可されたブラウザのみ利用すること
- 閲覧履歴が残らないように設定すること、または閲覧履歴を定期的に削除すること

2-5 アプリケーションの追加
- アプリケーションは、許可されたもののみインストールすること
- 所属において、追加するアプリケーションを管理すること
- ウイルス対策ソフトを導入すること

2-6 その他の機能
- 「カメラ機能」「位置情報機能（GPS機能）」「テレビ機能」などの機能は、所属において判断するものとする

3. その他の遵守事項

3-1 盗難・紛失対策
- パスワードまたはそのほかの準ずる機能によりロックの設定を行うこと
- 秘密情報を保存している場合は、ネックストラップ等を使用すること
- 使用が終わった秘密情報は速やかに削除すること
- SDカードの使用は禁止する

3-2 情報漏洩対策
- 許可されていないWi-Fiアクセスポイント（無線LANアクセスポイント）の使用は禁止する
- 社給パソコン以外のパソコンとの接続は禁止する
- スマートフォンの改造は禁止する（Android端末では「root化」、iOS端末では「脱獄」や「JailBreak」と呼ばれる行為）

以上

ここにあげた例は一例です。組織におけるセキュリティポリシーなど、ほかの規程と整合性を保ちつつ、組織に合わせた利用者規約を策定することをおすすめします。

解 答

解答

第1章
解答　1.○　2.○　3.×　4.×　5.×　6.○

第2章
解答　1.×　2.×　3.×　4.×　5.○　6.×　7.×　8.×　9.○　10.×

第3章
解答　1.○　2.×　3.×　4.○　5.○　6.×

第4章
解答　1.×　2.○　3.○　4.×　5.○　6.×

第5章
解答　1.○　2.×　3.×　4.×　5.×

第6章
解答　1.×　2.×　3.×　4.○　5.×

索引

Index

【英字】

BCC …………………………………… 28
BIOSパスワード ……………………… 36
CC ……………………………………… 28
DDoS攻撃 ……………………………102
DoS攻撃 ………………………………102
IDカード ……………………………… 34
IoT ……………………………………… 76
IoT機器 ………………………………… 76
ISP ……………………………………102
SNS ……………………………………… 68
TO ……………………………………… 28
UPS ……………………………………… 96
Windows Update ……………………… 16

【あ】

アタックテスト ………………………119
アプリケーションのインストール … 40
暗号化 …………………………… 36,61,72
アンダーグラウンドサイト …………… 20

【い】

違法コピー …………………………… 50
インターネット接続業者 ……………102

【う】

ウイルス感染時の対応 ……………… 14
ウイルス常時監視機能 ……………… 12
ウイルススキャン …………………… 12
ウイルス対策 ………………………… 11

ウイルス対策ソフト ………………… 11
ウイルスチェックサービス ………… 38
ウイルス定義ファイル ……………… 13
ウイルスメール ……………………… 23
うっかり送信 ……………………… 27,28
裏紙 …………………………………… 46
運用プロセス ……………………117,119

【お】

置き忘れ ……………………………… 36

【か】

改ざん ………………………………… 7
海賊版 ………………………………… 50
解読されにくいパスワード ……… 30,32
外部委託契約 ………………………… 88
外部機器 ……………………………… 42
カジュアルコピー …………………… 50
可用性 ………………………………106
監査プロセス ……………………117,119
完全消去ツール ……………………… 44
完全性 ………………………………105

【き】

記憶媒体の処分 ……………………… 44
技術的セキュリティ対策 ……………115
技術的対策 …………………………… 5
基本方針 …………………………111,113
機密性 ………………………………105

【く】

クラッカー ……………………………… 8

【け】

計画プロセス …………………… 117,118
掲示板……………………………………… 22

【こ】

公開情報…………………………………… 4
虹彩………………………………………… 34
構築プロセス …………………… 117,118
個人情報…………………………………128
個人情報の漏洩…………………………130
個人情報保護法…………………………128
誤送信……………………………………… 27

【さ】

サーバー室の管理 ……………………… 98
サービス妨害 …………………………… 7
サービス妨害攻撃 ……………………102
詐欺メール ……………………………… 74

【し】

識別符号…………………………………132
自然災害…………………………………… 95
実施手順………………………… 111,116
指紋………………………………………… 34
修正プログラム ………………………… 16
重要機能室………………………………… 98
シュレッダー …………………………… 46
使用許諾…………………………………… 50
使用許諾契約……………………………… 40
使用権……………………………………124
商標………………………………………126
商標権……………………………………126
情報資産……………………………… 3,35
情報セキュリティ ……………………… 5
情報の改ざん……………………………… 5
情報の破壊………………………………… 5
情報の分類………………………………… 4
情報の漏洩………………………………… 5
情報リテラシー ………………………… 61
情報漏洩…………………… 7,56,60,74,80
人的セキュリティ対策 ………………115
侵入………………………………………… 52
侵入対策…………………………………… 54

【す】

スパムメール …………………………26,74
スマートデバイス ……………………36,74

【せ】

脆弱性……………………………………… 76
脆弱性分析………………………………119
声紋………………………………………… 34
セキュリティ意識の浸透 ……………… 90
セキュリティホール …………………15,16
セキュリティポリシー ……………105,111
セキュリティポリシーの維持 ………117
セキュリティポリシーの策定 ………112
セキュリティポリシーの実現 ………109
セキュリティポリシーの目的 ………107
セキュリティポリシーの役割 ………110

【そ】

ソーシャルエンジニアリング …………… 52
ソーシャルエンジニアリングの対策 ……… 54

【た】

対策基準………………………………… 111,115

【ち】

チェーンメール ………………………… 26
著作権 …………………………… 48,123,124
著作権法 ………………………………… 123
著作財産権 ……………………………… 124
著作者人格権 …………………………… 124
著作物 …………………………………… 48

【て】

定義ファイル …………………………… 14
データのバックアップ ………………… 94
データ復元ツール ……………………… 44
デマメール ……………………………… 25,26
添付ファイル …………………………… 24

【と】

盗聴 ……………………………………… 7
盗難 ……………………………………… 36
ドライバ ………………………………… 42
トラッシング …………………………… 52
トラッシング対策 ……………………… 54

【な】

なりすまし ……………………………… 7,52
なりすまし対策 ………………………… 54

【に】

偽警告 …………………………………… 69,70

【の】

のぞき見 ………………………………… 52
のぞき見対策 …………………………… 54

【は】

バイオメトリクス認証 ………………… 34
破壊 ……………………………………… 7
パスワード ……………………………… 30
パソコンの処分 ………………………… 43
ハッカー ………………………………… 8
バックアップ …………………………… 12,94
パッチ …………………………………… 16
パッチファイル ………………………… 16

【ひ】

非技術的対策 …………………………… 5
非公開情報 ……………………………… 4
ビジネスメール詐欺 …………………… 66
標的型攻撃メール ……………………… 60

【ふ】

ファイアウォール ……………………… 100
フィッシングメール …………………… 63
不正アクセス …………………………… 7,100
不正アクセス禁止法 …………………… 131
不正アクセス禁止法違反 ……………… 132
不正アクセス行為 ……………………… 131
不正アプリ ……………………………… 74
不正コピー ……………………………… 49
不正レンタル …………………………… 50

物理的セキュリティ対策 ……………… 115
プライバシー侵害 ………………………… 74
フリーソフト ……………………………125

【ほ】

報告経路………………………………… 86
報告体制………………………………… 86
ホワイトハッカー ………………………… 8

【み】

身代金要求型ウイルス ………………… 72

【む】

無形資産………………………………… 3
無線LAN ………………………………100
無停電電源装置………………………… 96

【め】

迷惑電話………………………………… 74
迷惑メール……………………………… 26
メールの宛先…………………………… 28

【も】

モノのインターネット …………………… 76

【ゆ】

有形資産………………………………… 3
ユーザーID ……………………………… 30

【よ】

溶解処理………………………………… 46
要配慮個人情報………………………129

【ら】

ライセンス ……………………………… 50
ランサムウェア …………………………71,72

【り】

リスクアセスメント ……………………120
リスク分析 ……………………………120

【ろ】

ログ……………………………………32,100
ログオンパスワード …………………… 36
ログファイル …………………………100

事例で学ぶ情報セキュリティ
<改訂3版>
（FPT1803）

2018年7月23日　初版発行

著作／制作：富士通エフ・オー・エム株式会社

発行者：大森　康文

発行所：FOM出版（富士通エフ・オー・エム株式会社）
　　　　〒105-6891　東京都港区海岸1-16-1 ニューピア竹芝サウスタワー
　　　　http://www.fujitsu.com/jp/fom/

印刷／製本：アベイズム株式会社

表紙デザインシステム：株式会社アイロン・ママ

- 本書は、構成・文章・プログラム・画像・データなどのすべてにおいて、著作権法上の保護を受けています。本書の一部あるいは全部について、いかなる方法においても複写・複製など、著作権法上で規定された権利を侵害する行為を行うことは禁じられています。
- 本書に関するご質問は、ホームページまたは郵便にてお寄せください。
　<ホームページ>
　上記ホームページ内の「FOM出版」から「QAサポート」にアクセスし、「QAフォームのご案内」から所定のフォームを選択して、必要事項をご記入の上、送信してください。
　<郵便>
　次の内容を明記の上、上記発行所の「FOM出版 デジタルコンテンツ開発部」まで郵送してください。
　・テキスト名　　・該当ページ　　・質問内容（できるだけ操作状況を詳しくお書きください）
　・ご住所、お名前、電話番号
　　※ご住所、お名前、電話番号など、お知らせいただきました個人に関する情報は、お客様ご自身とのやり取りのみに使用させていただきます。ほかの目的のために使用することは一切ございません。
　なお、次の点に関しては、あらかじめご了承ください。
　・ご質問の内容によっては、回答に日数を要する場合があります。
　・本書の範囲を超えるご質問にはお答えできません。
　・電話やFAXによるご質問には一切応じておりません。
- 本製品に起因してご使用者に直接または間接的損害が生じても、富士通エフ・オー・エム株式会社はいかなる責任も負わないものとし、一切の賠償などは行わないものとします。
- 本書に記載された内容などは、予告なく変更される場合があります。
- 落丁・乱丁はお取り替えいたします。

© FUJITSU FOM LIMITED 2018
Printed in Japan

FOM出版のシリーズラインアップ

定番の よくわかる シリーズ

「よくわかる」シリーズは、長年の研修事業で培ったスキルをベースに、ポイントを押さえたテキスト構成になっています。すぐに役立つ内容を、丁寧に、わかりやすく解説しているシリーズです。

資格試験の よくわかるマスター シリーズ

「よくわかるマスター」シリーズは、IT資格試験の合格を目的とした試験対策用教材です。

■MOS試験対策　　　　　　　　■情報処理技術者試験対策

　　　　　　　　　　　　　　　ITパスポート試験　　基本情報技術者試験

FOM出版テキスト 最新情報 のご案内

FOM出版では、お客様の利用シーンに合わせて、最適なテキストをご提供するために、様々なシリーズをご用意しています。

http://www.fom.fujitsu.com/goods/

FAQ のご案内
［テキストに関するよくあるご質問］

FOM出版テキストのお客様Q&A窓口に皆様から多く寄せられたご質問に回答を付けて掲載しています。

http://www.fom.fujitsu.com/goods/faq/